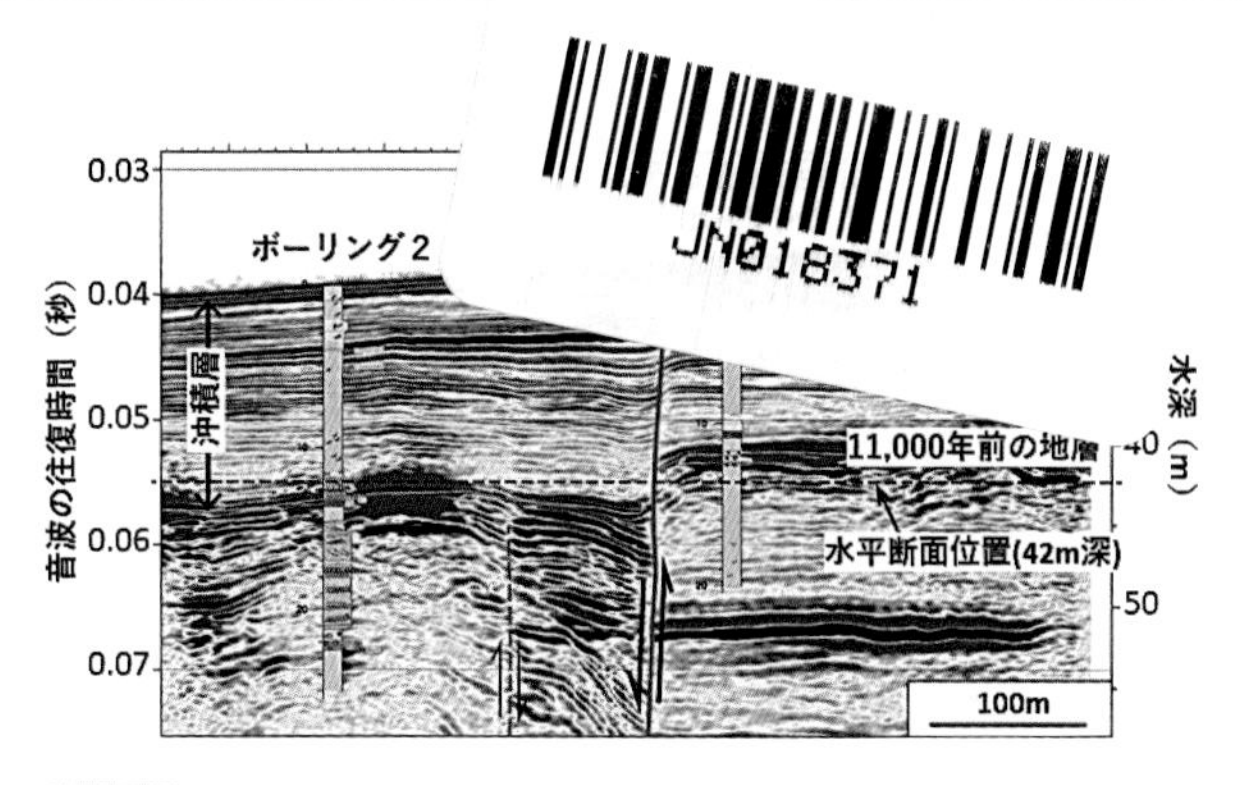

口絵1　反射法音波探査により得られた海底面下の地層の分布（地震調査研究推進本部HPより引用）。ほぼ水平な赤や黒の太い線は音波が反射する所で、速度が異なる地層の境界面を示しています。ボーリングによりその境界面位置が確認されています。図の中央部に活断層があり、その位置で地層境界が不連続になっています。ボーリング地点の間にある断層の位置が反射法探査により正確に捉えられています。42m深での水平断面によると断層は右横ずれであることが確認されています。

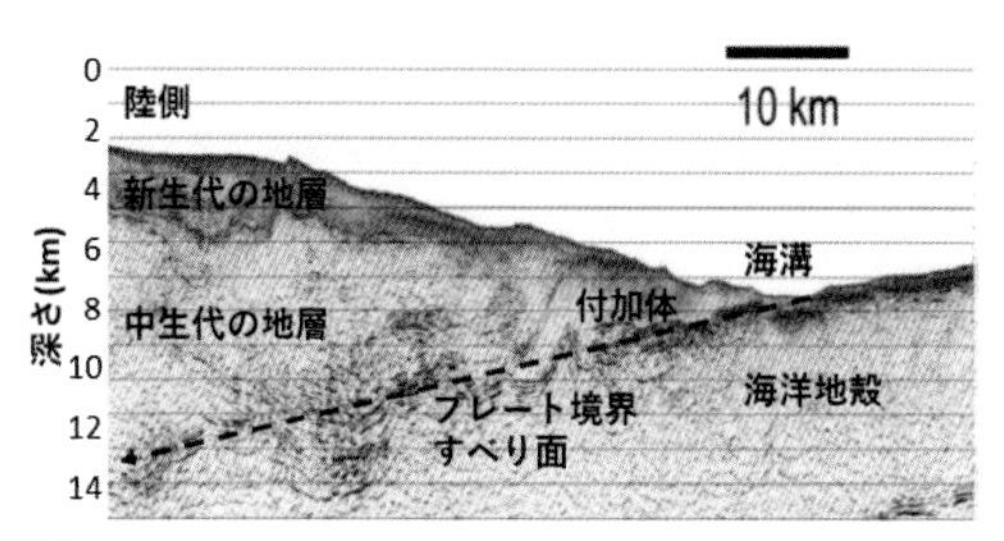

口絵2　東北地方太平洋沖地震の震源域での反射法地震探査結果(Kodaira et al. 2017に加筆)。右側から太平洋プレートが沈み込んでおり、そのプレートと陸の地殻の境界面がすべり面となっています。プレートが沈みこむところは海溝であり、その陸側では海底面からはぎとられた堆積物が陸側に押し付けられた付加体が形成されています。そこが地震時に大規模に変形して海溝付近の海底面を大きく動かし、巨大な津波を発生させました。

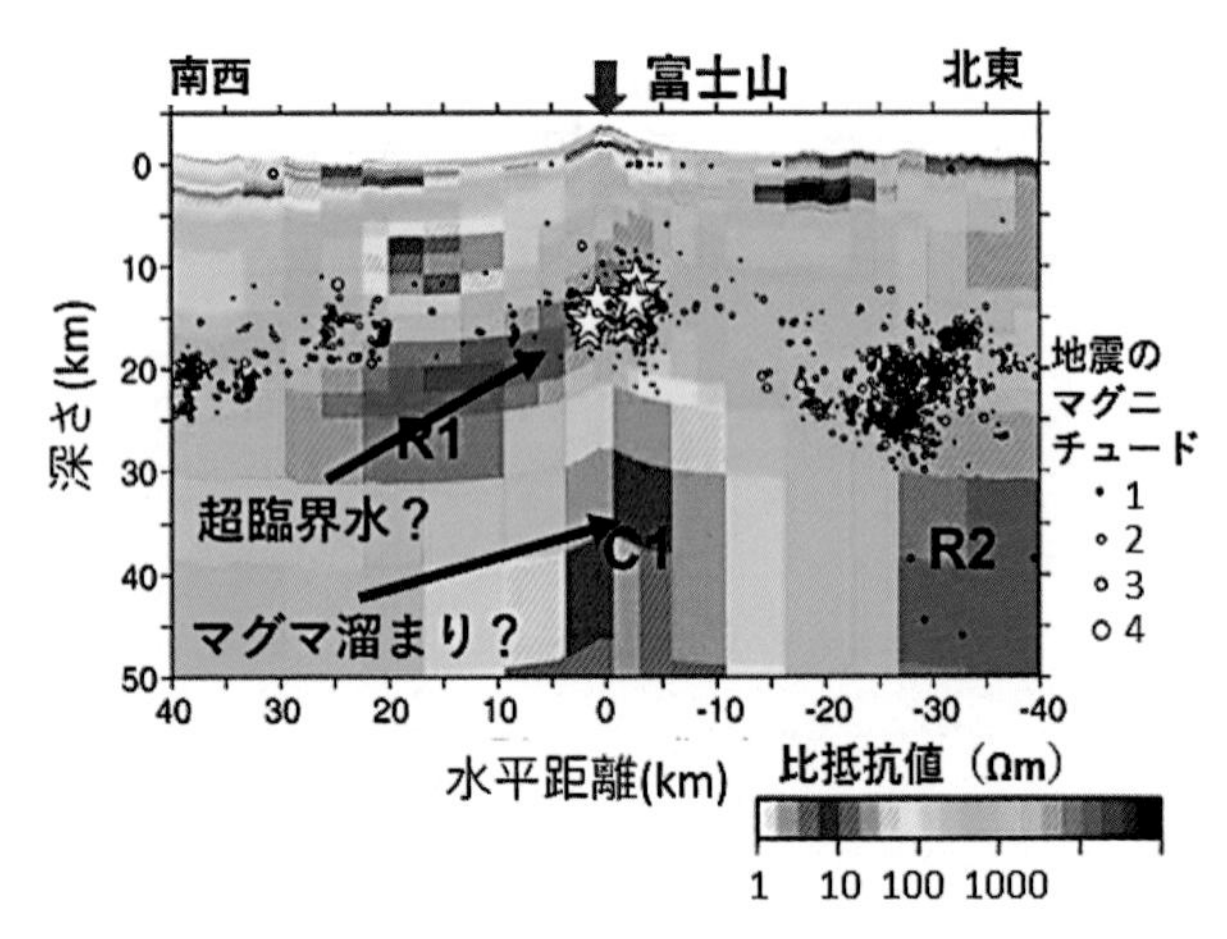

口絵3　富士山頂を横切る北東～南西方向の断面での比抵抗構造（Aizawa et al. 2004に加筆）。C1領域は山頂直下の低比抵抗域であり、マグマや高温の流体が溜っているところです。その上部には、超臨界水（高温、高圧の流体）の存在が予想され、その動きにより発生する低周波地震（星印）が多数起こっています。R1、R2は沈み込むフィリピン海プレートを示しますが、山頂直下ではそれが見えず、そこはプレートの隙間があり、そこを通して深部のマグマ性流体が上昇してきている可能性があります。

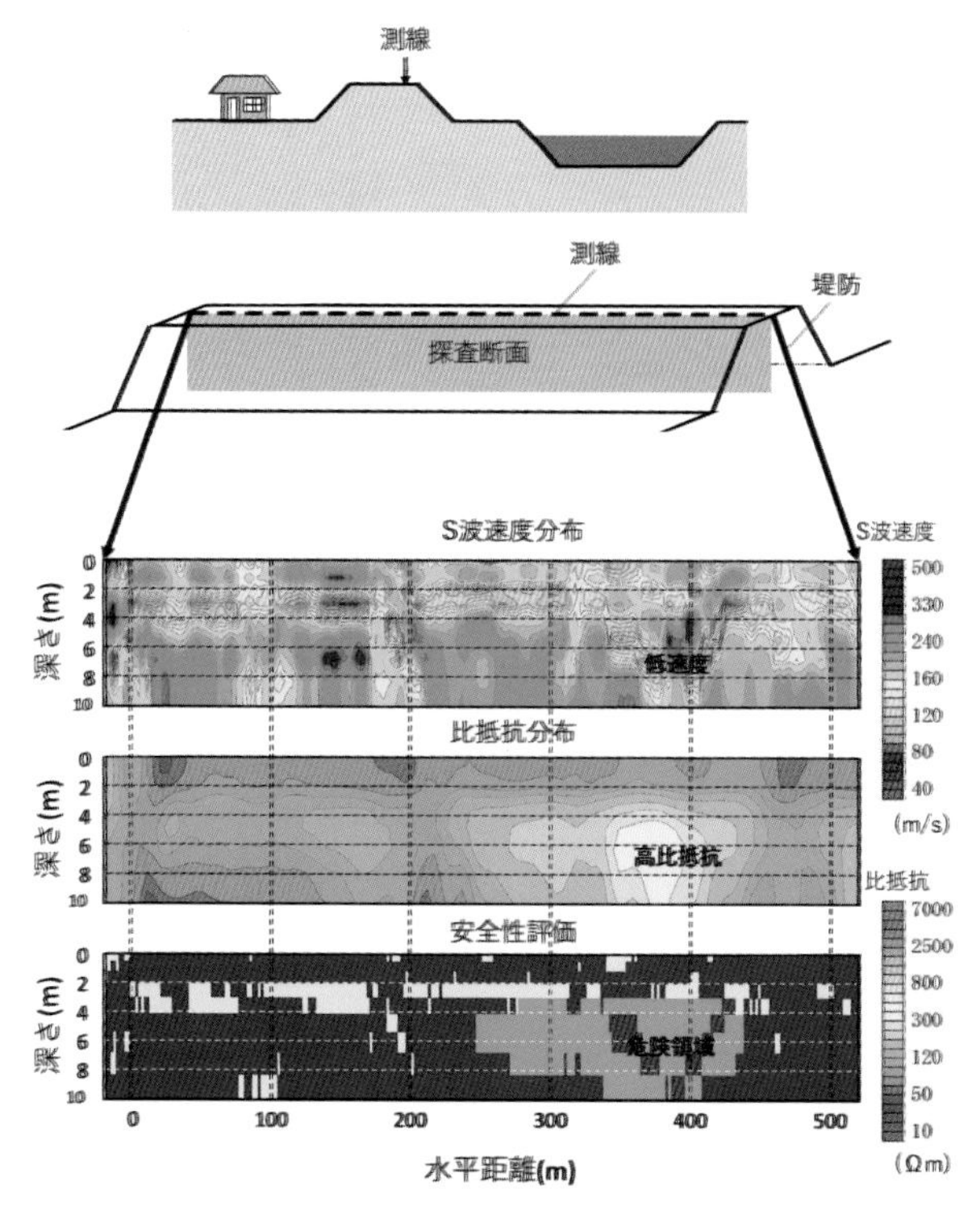

口絵4　堤防における物理探査を用いた安全性評価の例（鈴木・他、2014を改変）。S波速度分布図で黄色～赤により示される低速度領域や比抵抗分布図で黄色により示される高比抵抗領域は、砂が多く分布するところであり、周囲からの水の浸透が多く液状化を起こす可能性も高いので、安全性評価では赤色の危険領域となっています。

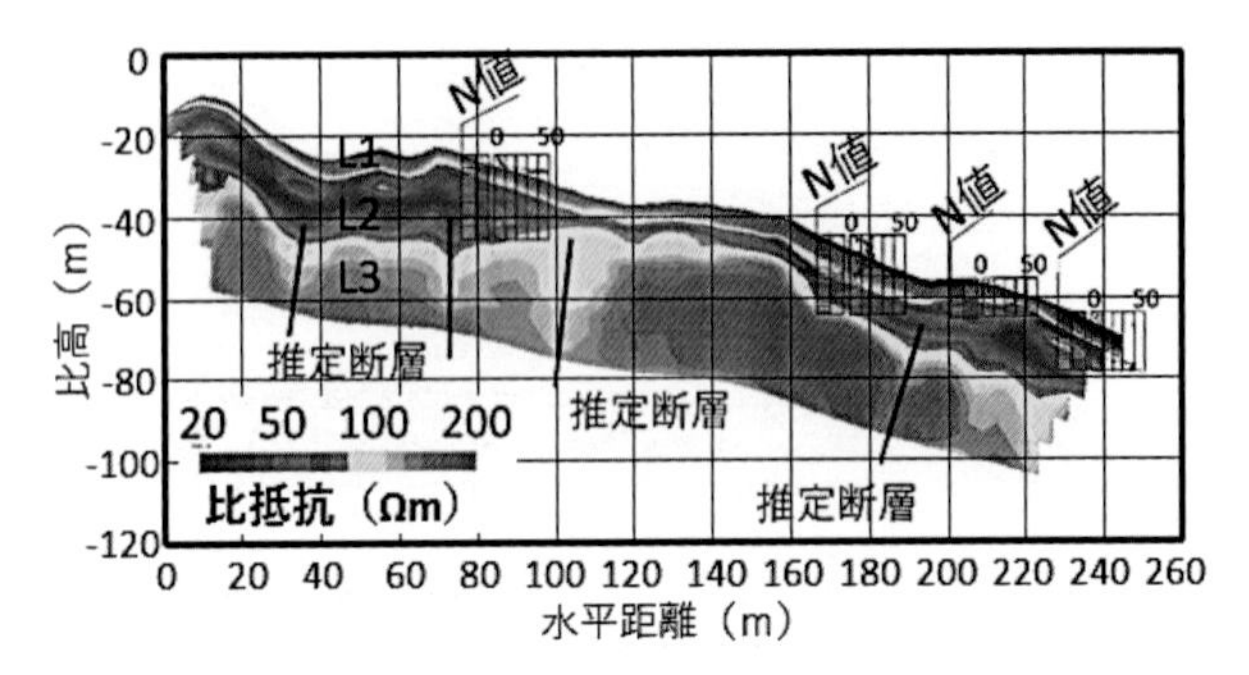

口絵5　比抵抗法電気探査による地すべり地の地下構造探査例。（全国地質調査業協会連合会、2007に加筆）。表層の赤色のL1層は高比抵抗を示し、そこは地下水が少ない未固結の地層です。その下の青色のL2層は低比抵抗で風化が進んでいる層です。その下には高比抵抗を示す硬いL3層が分布し、それとL2層との境界が地すべりを起こす面になっています。所々にボーリング孔を掘削して、地層の性質や強度の指標であるN値を調べています。L3層の中に黄色で示される比抵抗がやや低い層が見られますが、そこには断層が推定され、その亀裂から地下水が供給されて地すべりの原因となります。

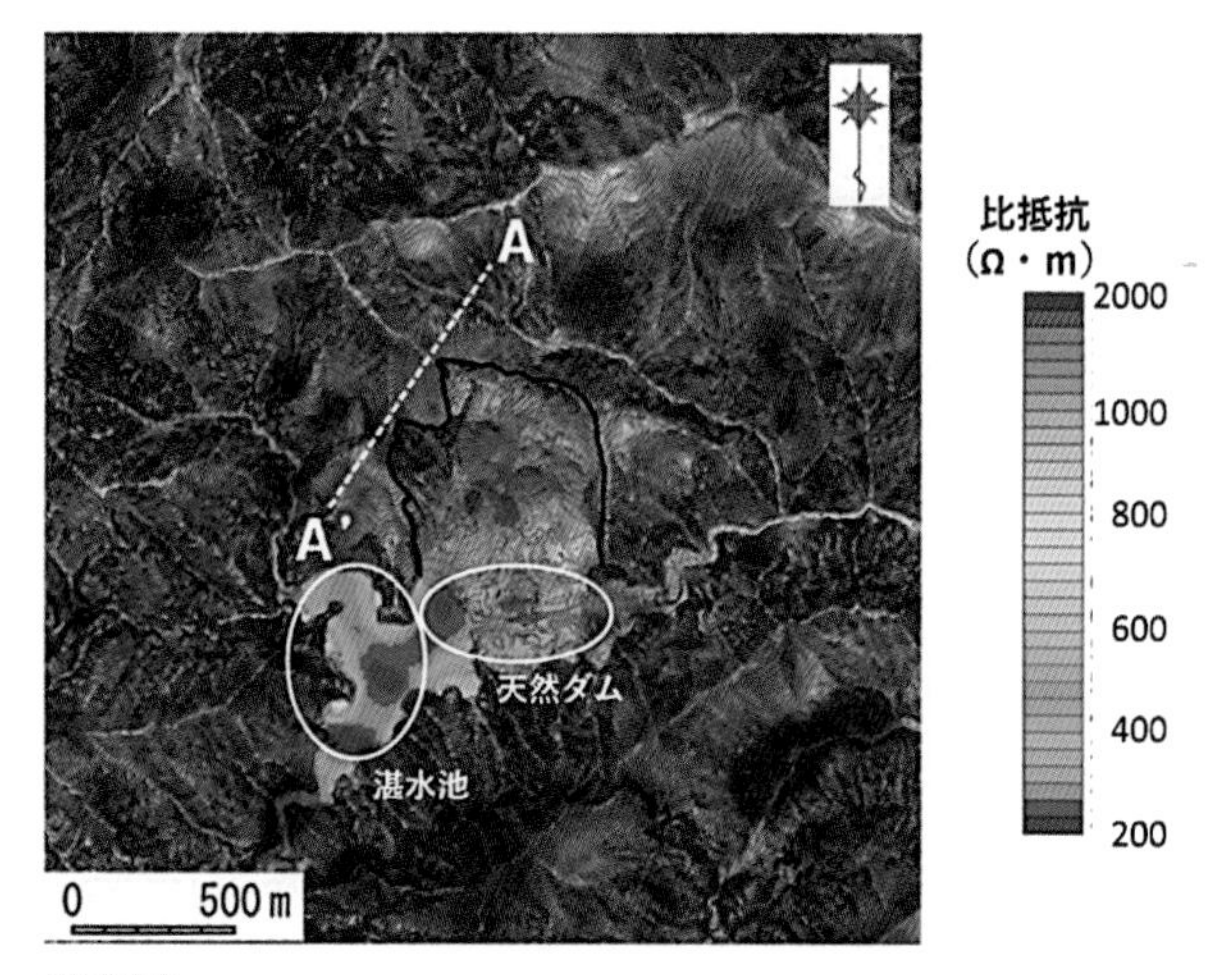

口絵6　地すべり地での空中電磁探査による表層の比抵抗分布（木下・他、2021に加筆）。寒色系で示した低比抵抗域は、崩壊土砂が堆積しているところで、暖色系で示した高比抵抗域は、亀裂を含む基盤岩が露出しているところです。特に比抵抗が低い濃い青の領域では、粘土分を含む崩壊土砂や複数の箇所で湧水が確認されており、地すべり危険区域と考えられています。中央部の川がせき止められて形成された天然ダムやその湛水池は、せき止められた水が天然ダム内部に浸透して比抵抗は低くなっています。A-A’区間では比抵抗法電気探査が行われ８本の断層が確認されています。その中で乾燥時と出水時（大雨直後）との比抵抗値の差が大きい断層には、崩壊斜面への出水期の地下水の流入経路となる亀裂があると考えられています。

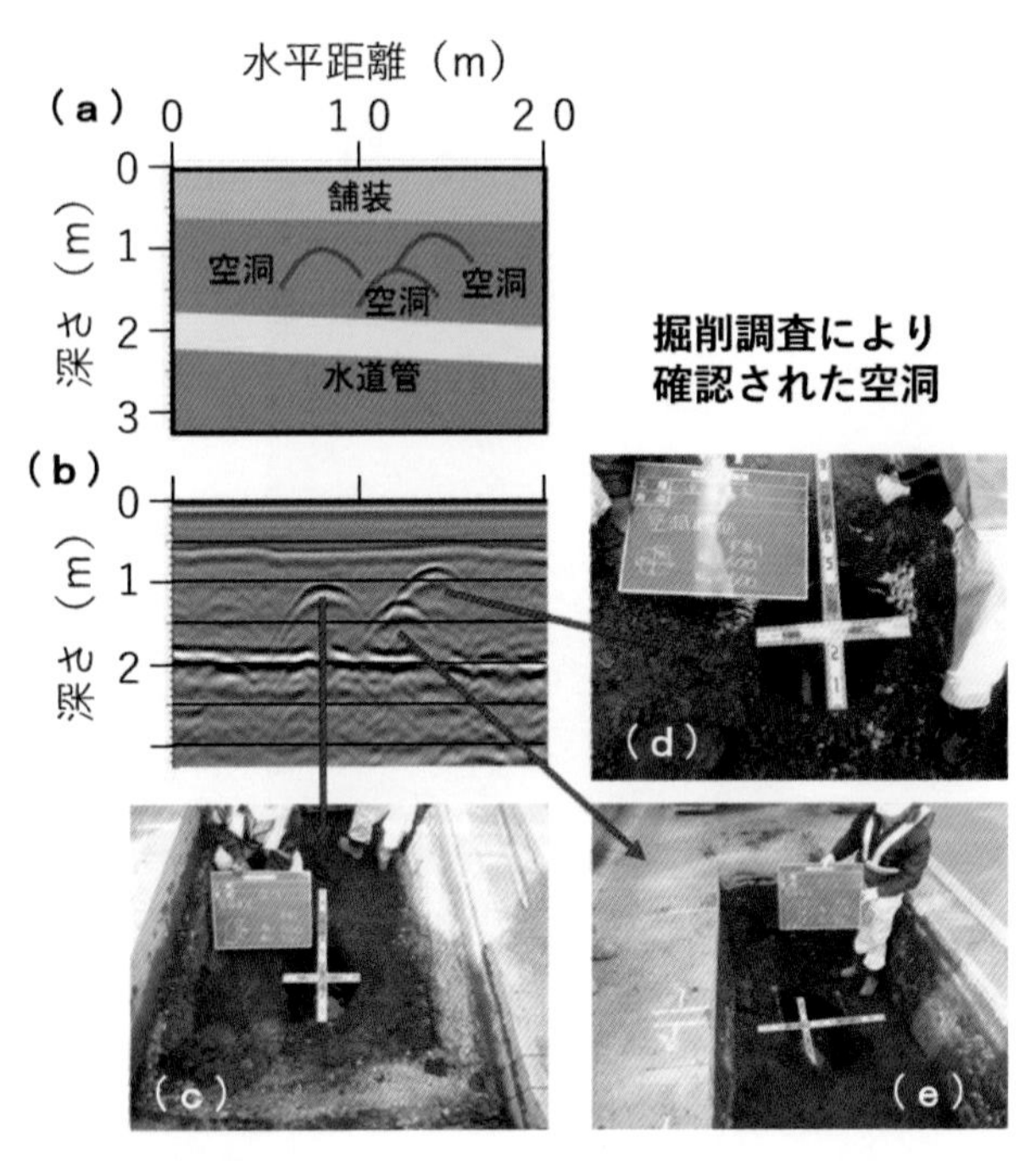

口絵７　地中レーダーによる空洞の探査例。図（a）は探査結果の解釈図で、空洞が三か所あることが予測されています。図（b）は地中レーダーによる電波の反射面の記録です。三つの空洞による山型の反射面が明瞭に見えます。それぞれの山型反射面の頂部に穴を掘ると図（c），（d），（e）のように空洞が確認されました。

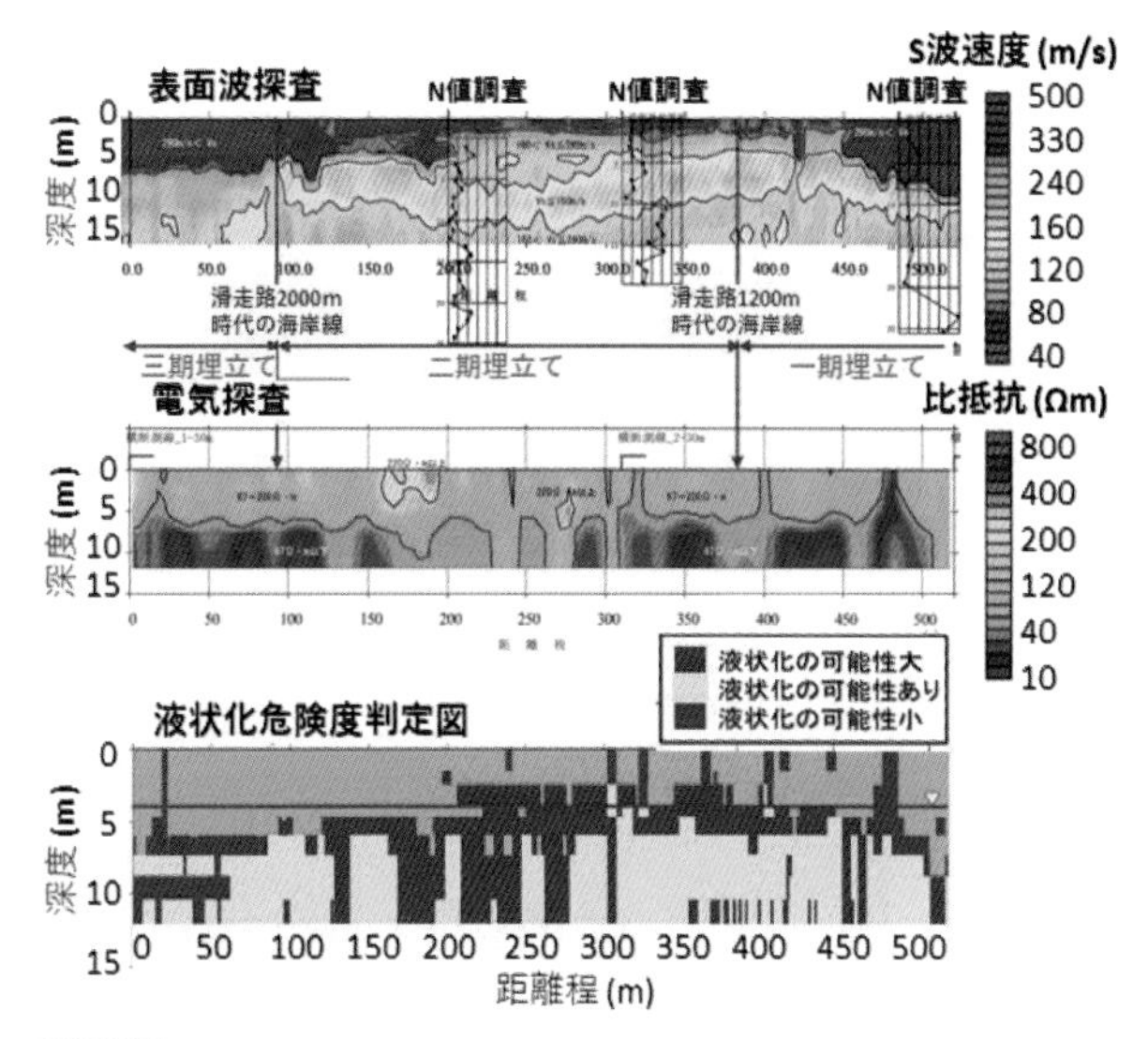

口絵８　表面波探査によるＳ波速度分布と比抵抗法電気探査による比抵抗分布から推定された液状化危険度判定図（中澤・他、2010より引用）。液状化危険度判定図の中央付近の赤領域は、Ｓ波速度が低く比抵抗が高いので液状化の可能性が大きいところと判定されています。左側と右側には青領域として示した液状化の可能性が小さいところが見られます。調査地内に掘られたボーリング孔でＮ値の調査が行われて地盤の強度が確認されています。

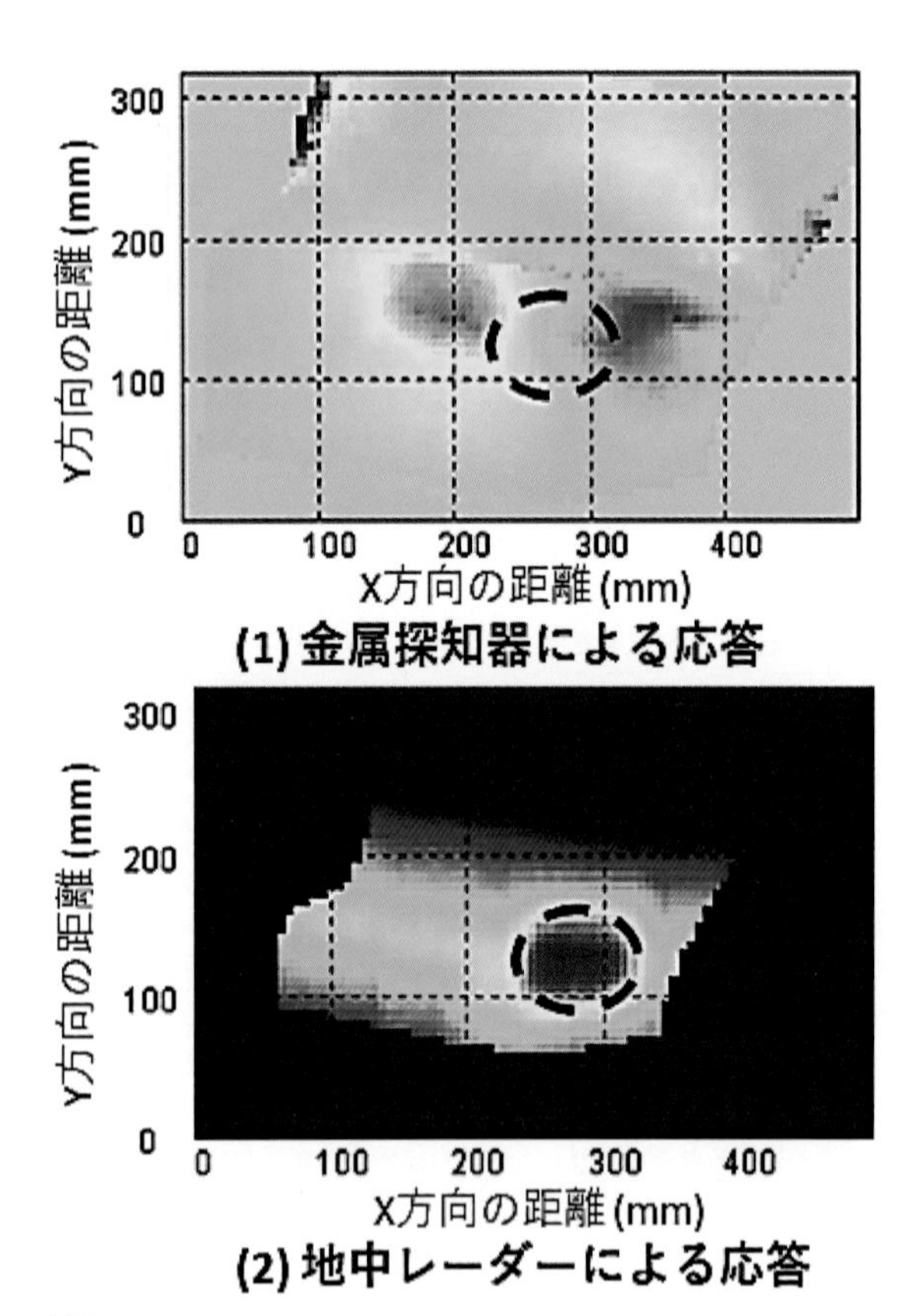

口絵9　金属探知器と地中レーダーによる地雷探査事例（佐藤、2008より引用）。図（1）は金属探知器による結果で、地雷による異常は正（赤色）と負（青色）の対になって現れていて、地雷はそれら中間にあります。図（2）は地中レーダーによる結果で、図の中央に反射が強い赤色の領域が現れていて、そこに地雷があることを示しています。図のスケールは㎜単位で非常に精密な探査です。２つの探査法を用いることにより、結果の信頼度も大きくなります。

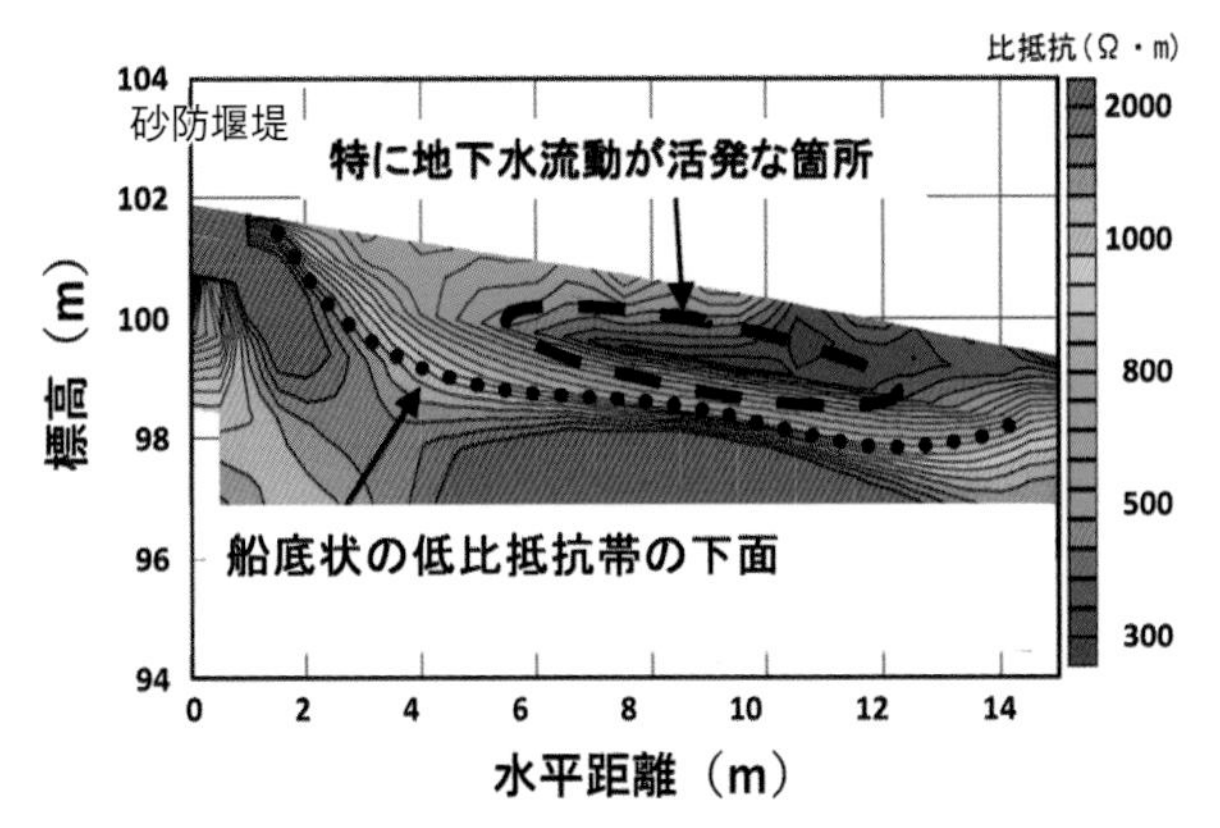

口絵10　砂防堰堤下流側での比抵抗法電気探査による地下水流動層の探査例。青色で示した低比抵抗域は、堰堤内の水位により比抵抗が変化するので地下水流動が活発な箇所と考えられています（鬼武、2009に加筆）。

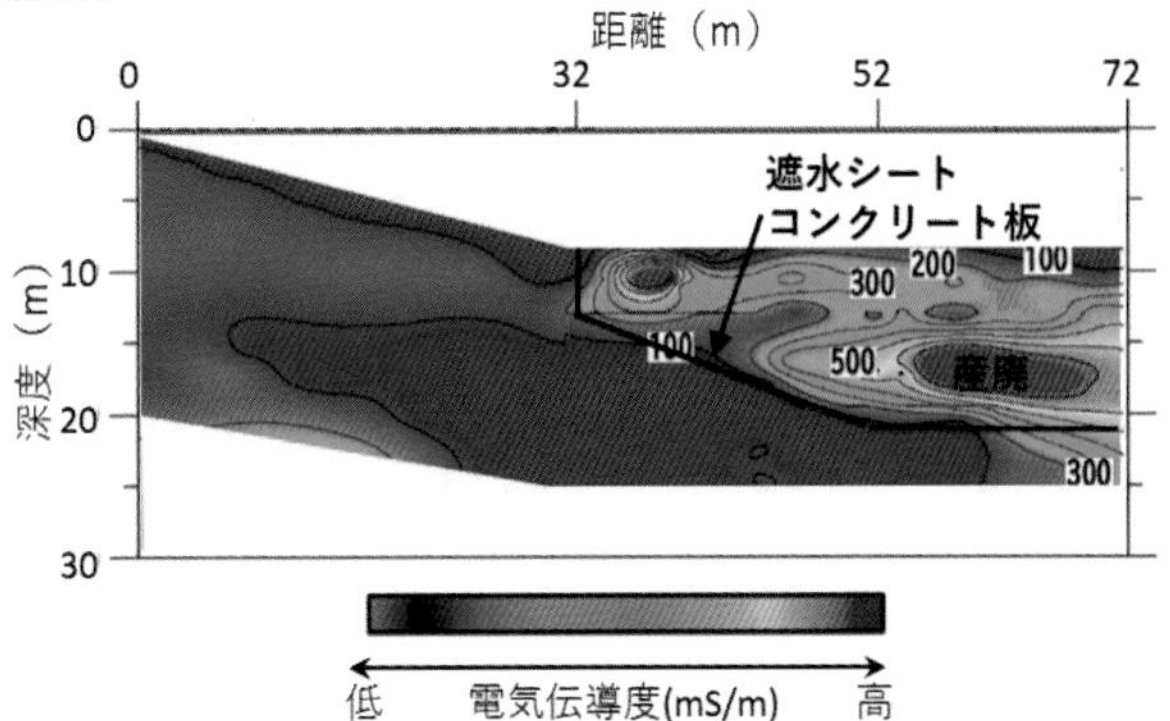

口絵11　ループ・ループ法電磁探査による産業廃棄物埋め立て範囲の検出例（物理探査学会、2008aを改変）。産廃は32m付近のコンクリート壁で区切られ、底は遮水シートとコンクリート板で仕切られています。その中に赤色で示した高電気電気伝導度（低比抵抗）を示す産業廃棄物が埋め立てられている様子がわかります。例：100mS/m=0.1S/m=10Ωm

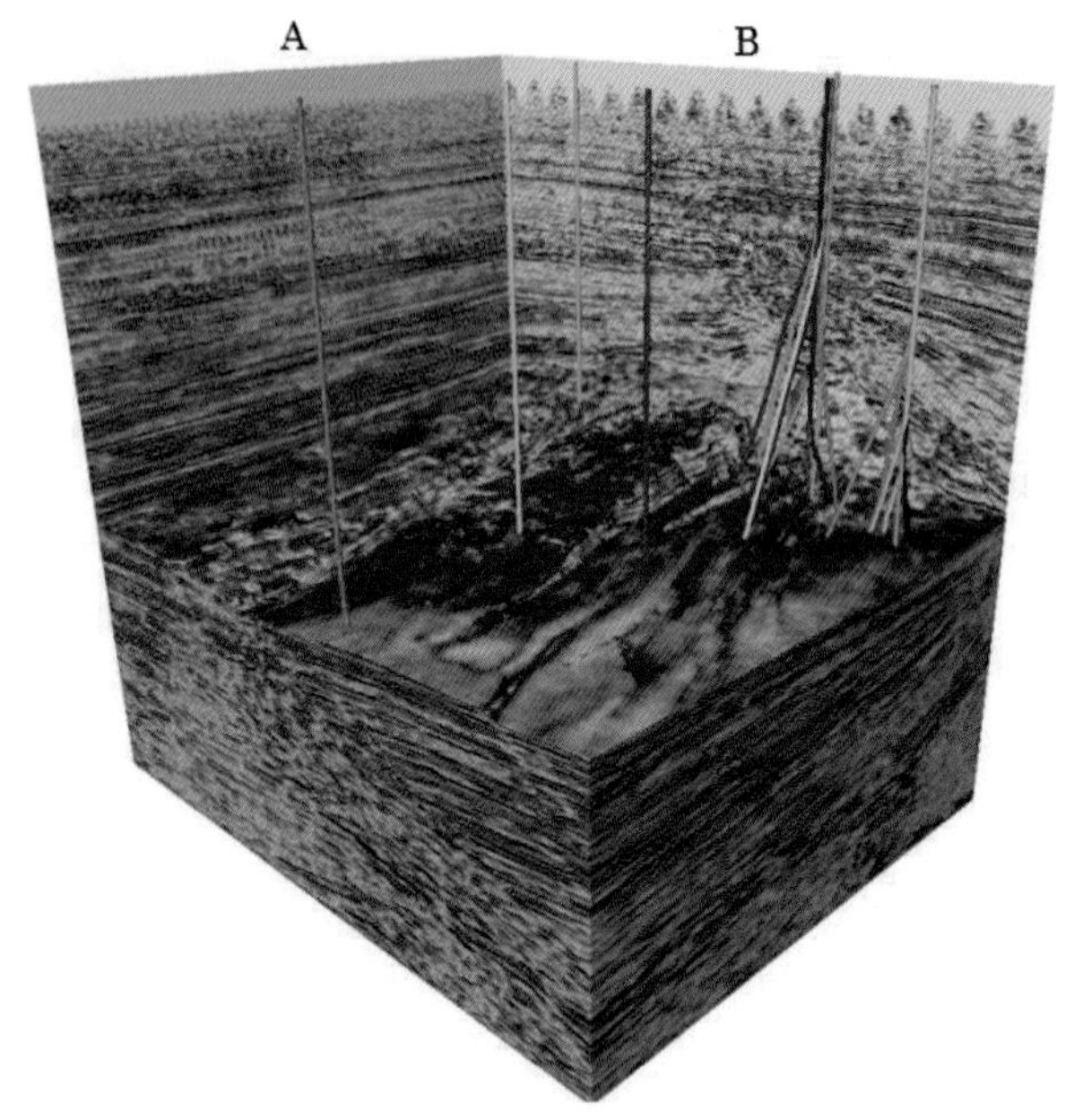

口絵12　反射法地震探査により得られた三次元地質構造。全体は、立方体をしていますが、内部が見えるように一部を切り取っています。赤や青のほぼ水平な線は地層の境界を示します。垂直あるいは少し湾曲した赤、緑、黄の太い線はボーリング孔です。水平面の濃い赤の領域は、間隙の多く石油・天然ガスが存在する可能性の高い領域を表しており、そこに向かって多くのボーリングが掘削されています〈シュルンベルジェ（株）資料〉。

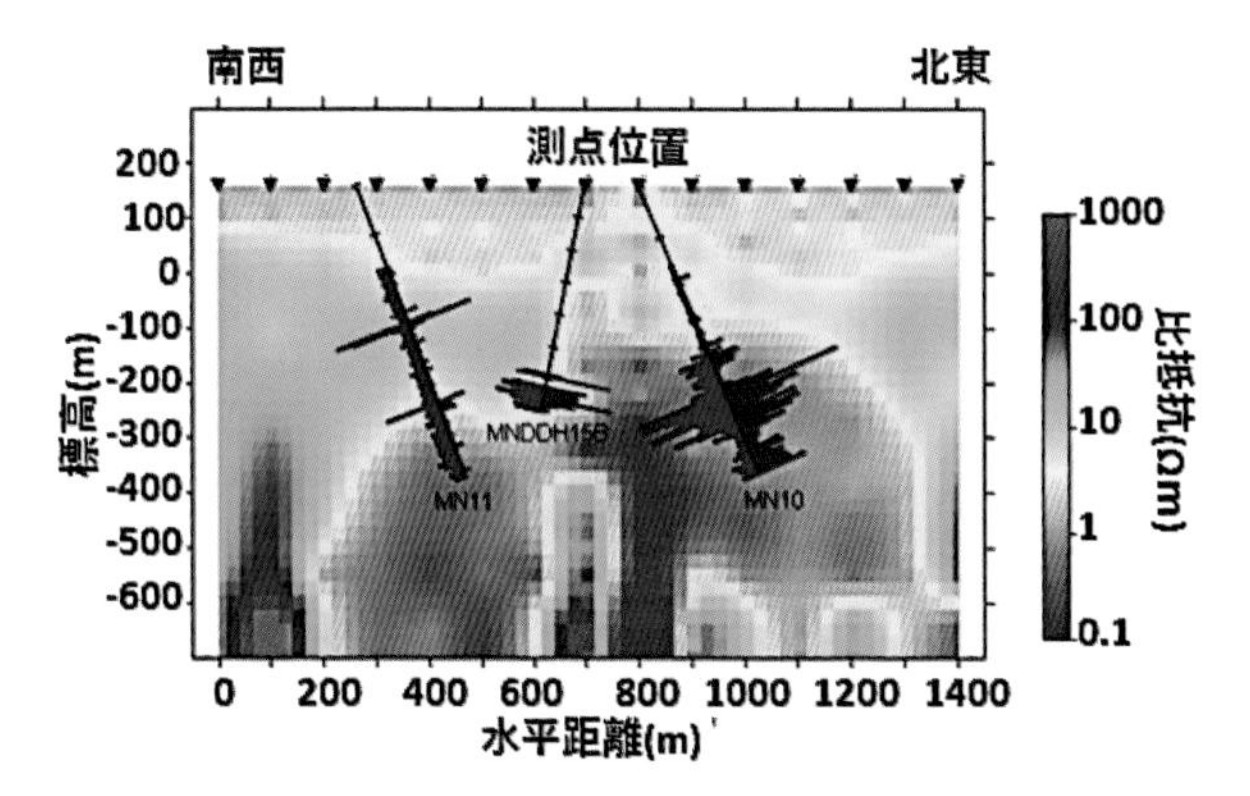

口絵13　オーストラリアの銅鉱床で行われた過渡応答電磁法（TEM法）探査による比抵抗分布（荒井、2013に加筆）。地表から直線はボーリング孔の位置を示しています。そこから左右にのびる線は、右にのびる赤線が鉄の品位、左にのびる青線は銅の品位を示しています。比抵抗断面の中央から深部にかけて赤色で示される低比抵抗域が広く分布し、その中に銅や鉄の濃集部が見られます。

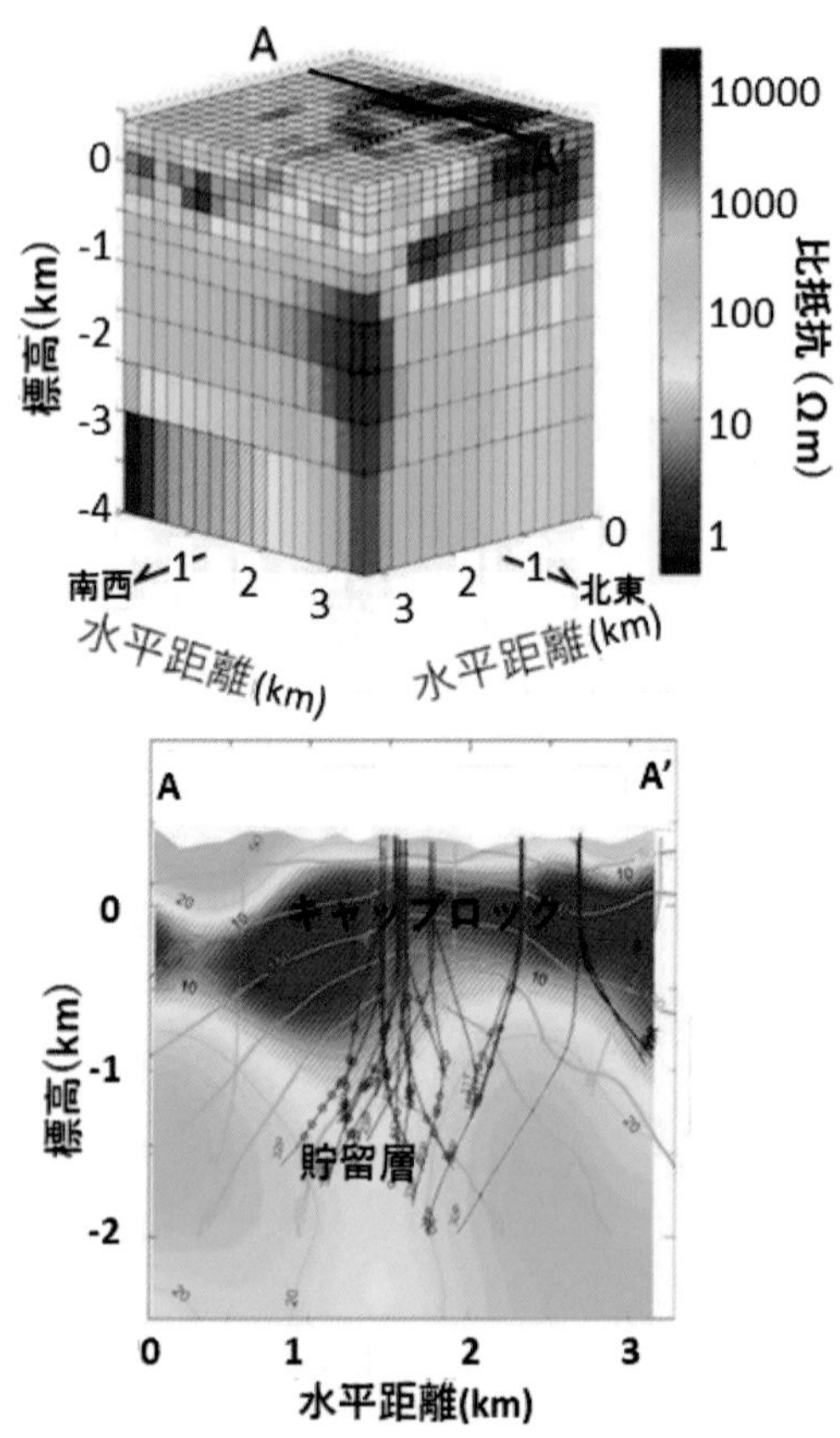

口絵14　地熱地域で行われたMT法電磁探査による３次元比抵抗構造（Uchida et al. 2015を改変）。上図は、地下の比抵抗構造を３次元状に表現した図で、立体的な比抵抗分布がわかります。下図は、A-A’断面に沿った比抵抗構造です。表層に非常に低い比抵抗を示すキャップロック層が分布し、その下にやや低比抵抗な貯留層が見られます。そこに向けて赤線で示す生産井が掘削され、赤丸印で示したフィードポイントと呼ばれる所で地熱水が汲み上げられています。

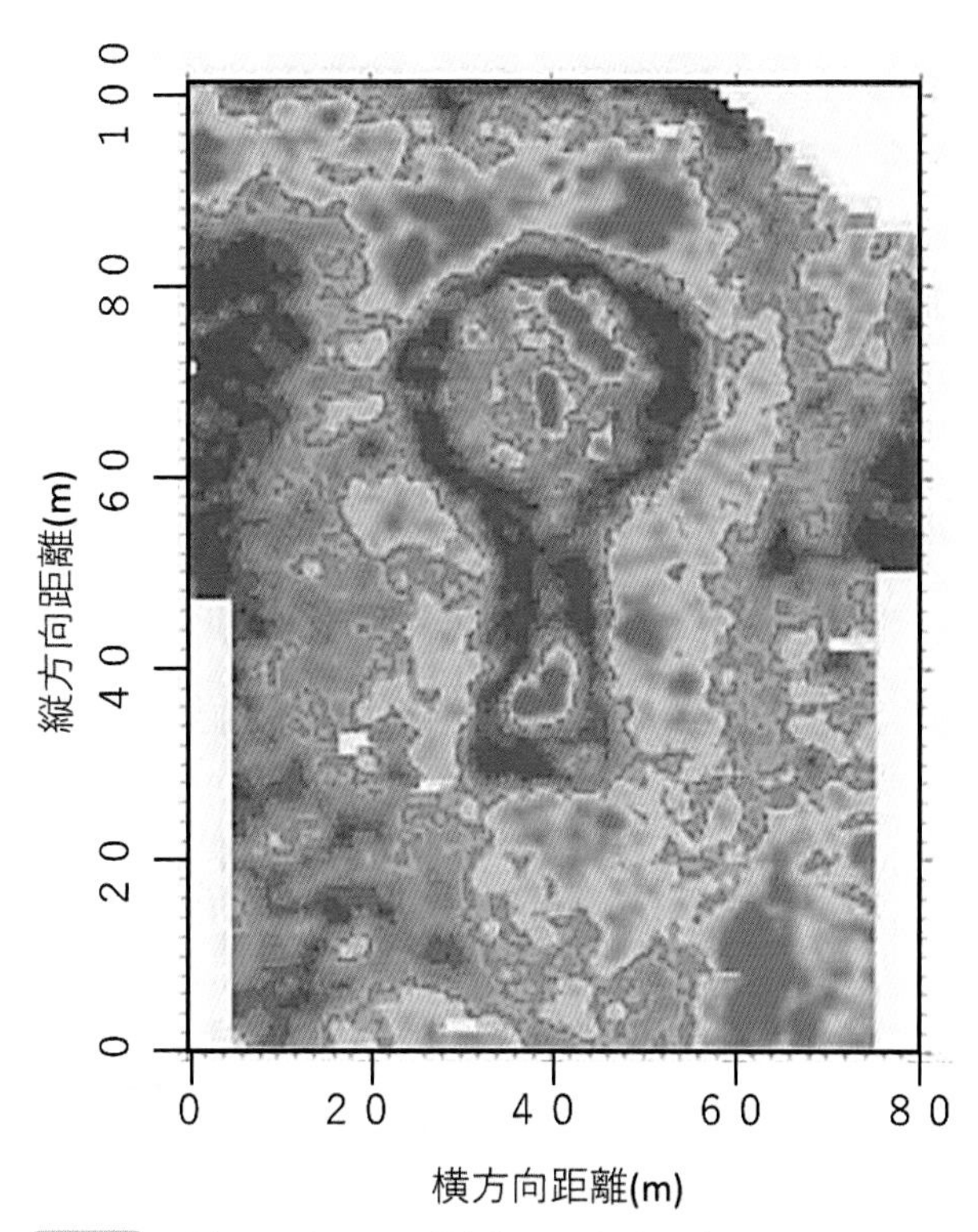

口絵15　地中レーダーによる前方後円墳の探査例（北郷、2008に加筆）。この画像は、同じ深さの水平な面での電波の反射強度の分布を表しています。赤色は反射が強く、青色は反射が弱い所です。反射の強い所は石積みや土を締め固めたところ、反射の弱い所は均質な砂や粘土に対応しています。探査の結果として、埋葬主体部の位置確認、墓壙の状態、墳丘全体形などが確認されました。

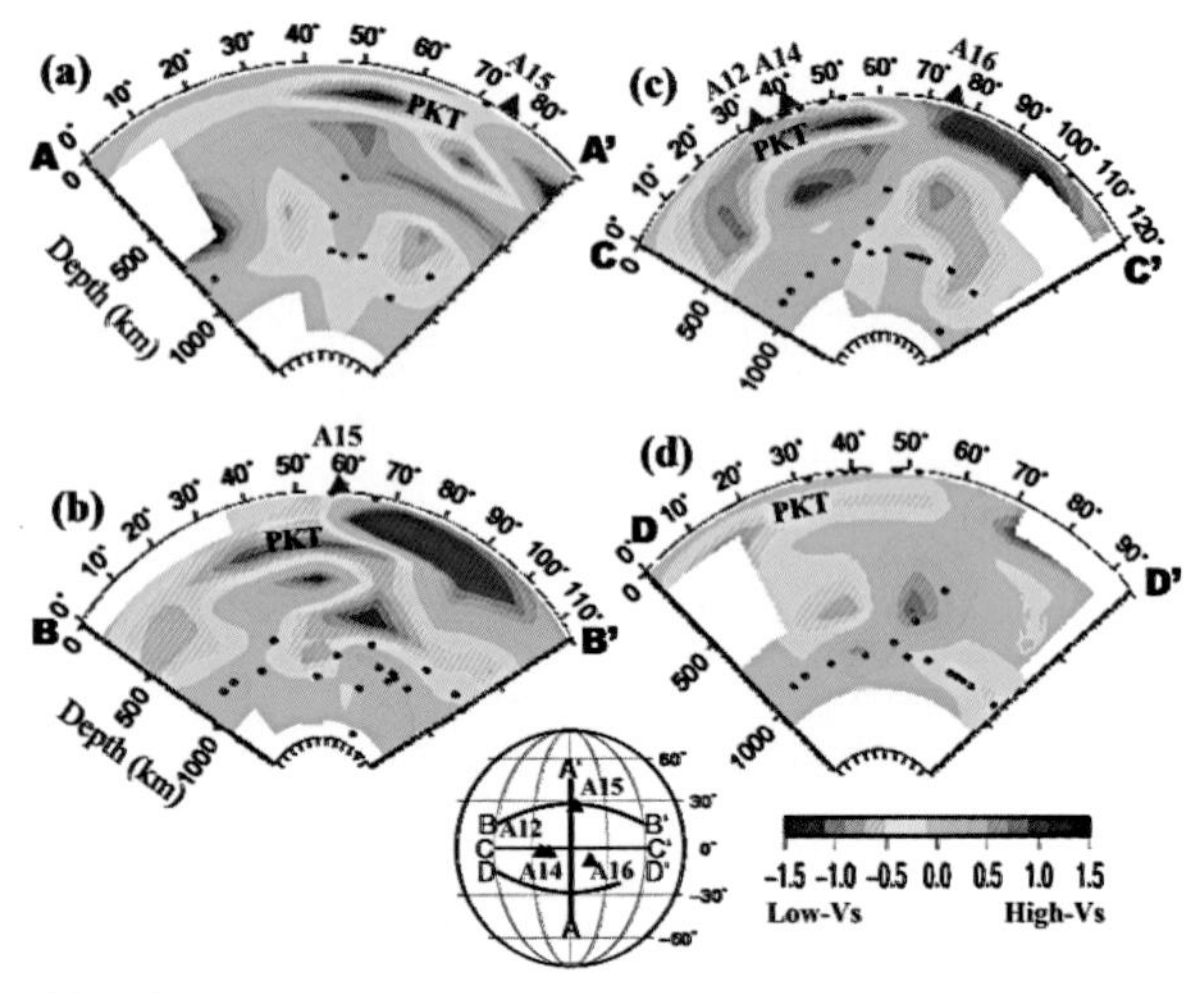

口絵16　地震波トモグラフィーによる月内部の地震波速度異常分布（趙・他、2018より引用）。この図は、標準的なＳ波速度からのずれを表しており、暖色系は低速度域、寒色系は高速度域を表しています。この四断面の位置は図の中央下部に示されていて、（a），（b），（c），（d）にそれぞれの断面でのＳ波速度異常分布が描かれています。PKTと記された赤色の低速度領域が深さ250〜400㎞の範囲に分布します。そこは、トリウムなど放射性元素が濃集しており、その崩壊熱により温度が高いので低速度異常を示すと考えられています。

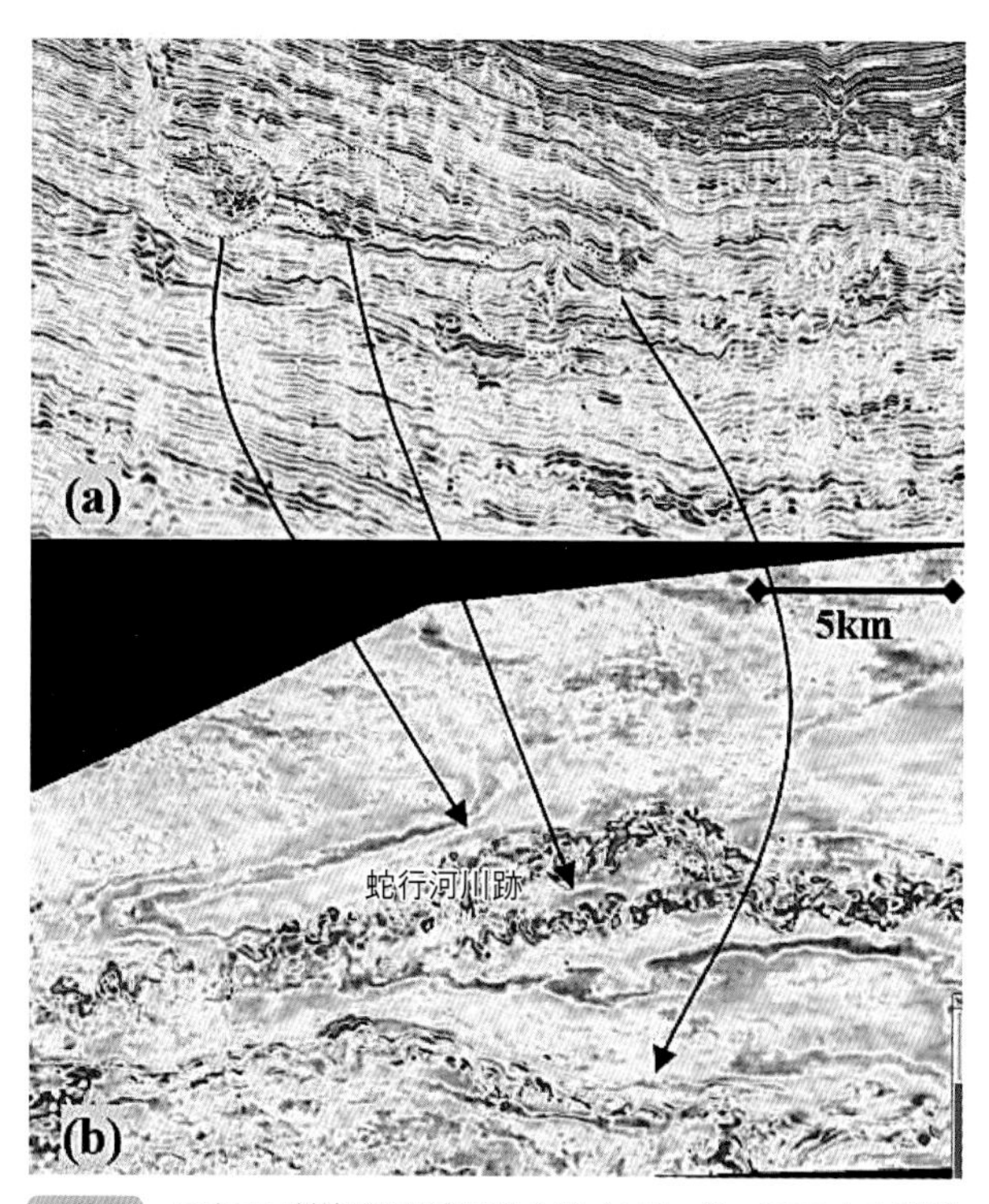

口絵17　三次元反射法地震探査結果の例（中東・他、2008より引用）。図（a）は三次元反射法地震探査によって得られた三次元データの一部を垂直に切った断面です。赤や青の線が地層の境界の反射面を表しています。図（b）は、図（a）の垂直断面と直交する水平断面です。矢印は両断面のそれぞれ対応する部分を示しています。図（b）の水平断面では曲がりくねった蛇行河川の跡のような形が明瞭に見えます。これは、地下約3000mに存在する一千万年以上前に埋没された海底渓谷を見事に捉えた結果です。

見えない地下を診る

驚異の物理探査

公益社団法人 物理探査学会

幻冬舎ルネッサンス新書

246

見えない地下を診る——驚異の物理探査

目次

第二章　社会に貢献する物理探査……………47

序章

　私たちは、地球に住み、地下に埋まっているさまざまな資源を活用しています。たとえば、石油や天然ガスを地下から採取し、それを利用して、発電したり自動車を走らせたりします。さらに、それらを原料にしてプラスチックなど生活に必要なものを作り出しています。それだけではなく、生活に欠かせない鉄や金など金属資源や、セメントやガラスの原料なども地下から得ています。地下は、まさに快適で便利な生活を送るために必要な資源の宝庫といってもいいでしょう。

　一方、地下には、私たちの生活を脅かす多くの危険も潜んでいます。活断層の動きは大地震を起こし、斜面の下に潜む軟らかい地層は大雨により地すべりを発生させます。良きにつけ悪しきにつけ「地下がどのようになっているか」は私たちの生活に多大な影響を与えるのです。

　日本列島は、地球上でも大地震が頻繁に起こる場所です。噴火活動を伴う火山も数多く分布しています。二〇一一年三月一一日に発生した東北地方太平洋沖巨大地震の後、次々と海岸を襲う巨大津波に多くの人が驚愕した自然の脅威を、今でも忘れることができないことと思います。近年は、毎年のように日本のどこかに強力な台風が襲来し、梅雨時にも豪雨が発生しています。これまで経験したことのないような大雨が頻発し、山間部では多くの地すべりや土石流が発生して道路や家が押し流される被害が起こっています。

私たちが暮らす日本列島は、さまざまな災害が頻繁に起こりうる環境にあります。そのような中で、過去にはどのような災害が起きていたのか、今後起こりうる災害はどのようなものであるか、それに対して、どのような対策が取られていて、その限界はどこにあるのか、こういったことに関心を持つことが重要ではないでしょうか。そういった災害に備える知識として、地下を知ることも重要なことだと思います。

私たちの足元の地下では、地震が起こり、地すべりが起こりますが、一方、有用な資源も存在します。このような地下がどのようになっているのか、残念ながら私たちの目には見えません。三八万km離れた月やはるか一億五千万kmの距離にある太陽は見えるのに、足元一cm下の土の中に金貨が埋まっていても目には見えないのです。地下が見えたら、どんなにいいでしょうか。有用な資源をより多く取り出せるし、あらかじめ危険な要素などを見いだせて、より安全で安心な生活ができるようになるでしょう。物理探査は、まさにそのような願いをかなえる技術なのです。

見えない地下を調べるために、物理探査では、目で見える光以外に、さまざまな物理現象を使います。たとえば、電気探査という手法では、地下に電流を流して流れやすい場所と流れにくい場所を調べます。水や粘土を含む地盤は電気が流れやすく、硬い岩盤などでは電気は流れにくいことは容易に想像できるのではないでしょうか。地下の電気の流れやすさの分布を把握すれば、その面から、地下の様子を推定することができるわけです。そのほかにも、物理探査では。地震波が速く伝わる所や遅く伝わる所、地下に重い物、磁気が強い物などが埋まっている所を調べることができます。

本書は、物理探査に関心がある技術者が集まった物理探査学会の会員の中で、この技術を社会に知ってもらうことに意義を感じる有志が執筆したものです。私たちは、日本の国土をより有効に調べられるよう技術開発を継続的に行っています。私たちが日ごろ行っていることを多くの皆さまにお伝えして、少しでも災害の多い日本という国土を知ってもらうことが重要なことだと考えました。そのために、社会に対して物理探査の役割をもっと発信していかなければならないという思いに駆られ、本書を著すことにしました。

本書は、物理探査を平易に理解していただくために読みやすさに重点を置いています。技術の詳しい説明は他の専門書に譲り、専門用語をできるだけ避けて平易に解説します。そのため、学術的な正確さは少し犠牲にしたところもあります。この本は主要な三つの章で構成され、防災・環境・資源など地下に関わる広い範囲の問題を扱っています。第一章では「物理探査とは何か」から始め、どのような原理や現象により地下を見ることができるのかを説明します。第二章では、いろいろな地下に関わる社会的な課題に物理探査がどのように取り組んでいるかという例を紹介します。読者の皆様が耳にしたり、ときには直面されたりしている地下に関わる問題に、物理探査が役立っていることを理解していただければ幸いです。第三章は、さまざまな物理探査の手法について、それぞれの特徴を説明し、どういう課題に役に立つのかを説明します。このような内容を通して、物理探査への理解が深まることを期待しています。本書の物理探査結果は最近はカラーで表示することが多いのですが、本書ではカラーで示す図の数には限りがあるため、十七枚を厳選して口絵としてカラーの図を掲載しました。

第一章　地球の診断

一・一　物理探査とは

物理探査を身近な例で説明しましょう。飛行場の手荷物検査を思い浮かべてください。手荷物の中身はX線の通しやすさの違いで、その内部を透視することができます。金属などは、X線を通しにくいので、武器になるような金属物の有無や形状を識別することができます。ここでは、X線という電磁波の一種を使い、外から見えない荷物の内部を調べています。物理探査も同様に、地表から見えない地球の中（地下）を調べる技術です。

もう一つ外から見えない物の中を見る例を挙げましょう。皆さんは、毎年のように健康診断を受けられると思います。医師が体の表面の状態を見て、聴診器を当てて内臓の動きによる音を聴き取ります。また、X線を体の中に透過させ体内を撮影するレントゲン写真やCT検査（コンピューター断層撮影）を受けます。また、超音波を送りその内臓による反射の強さを画像化する超音波検査、心電図や脳波などの臓器の活動により発する電気信号の記録を取ることもあるでしょう。さらに、血液検査も受けて、血液中の物質の量などから異常がないか調べます。このようにさまざまな検査を行い、データを集めて、体の中に病気がないかを診断します。以上のように健康診断では、臓器の活動による電気信号や振動の伝播、X線の透過や超音波の反射といった物理現象を利用して、体内の様子を診断しています。

体内は、手術でもしない限り直接は見えないので、健康診断では、体内を目で見るのではなく、いろいろな物理現象を使って「診る」ことになります。「診る」という行為は、対象について何らかの判断をするという意味が含まれます。地下も同様で、見ることはできませんが、いろいろな物理探査により地下を診ることはできるのです。

物理探査は、目では見えない地下を診断するための技術です。物理探査による地下の診断では、まず、探査対象地域の既存資料の調査を行い、次に現地での計測、取得データの記録を行います。さらに、データの分析・解析を行い、地震波速度や電気抵抗などの分布を可視画像としてイメージ化します。このような地下のイメージ化の例を口絵1に示します。この図は、地下の地層境界の変化を音波が反射する面として画像化したものです。ボーリング位置の間にある地層の起伏や不連続が、物理探査の結果からわかります。さらに、得られたイメージを探査の目的に応じて必要な物性（地下岩盤の強度や透水性など）に解釈します。ここでは既存の地質資料やボーリングデータも使用され、探査結果の妥当性が確かめられます。

このように、物理探査は、地下の広い範囲を立体的に調べられることが特徴です。地下に細い孔を開けて調べるボーリング調査により、地下の土や岩石を直接採取して調べることが最も確実なように思われます。しかし、ボーリングは、掘削地点だけの調査であり、周辺の状況はわかりません。そのため、調査する場所の地下を確実に知るには、数多くのボーリング調査が必要となり、多くの費用と時間を要します。口絵1で示したように、物理探査とボーリング調査を併用することにより地下の様子をもれなく調べることができます。

物理探査は、近年の電子機器による計測技術の高性能化やコンピューターの小型化、大容量化・高速化といった技術の進歩により支えられ発展してきました。いまや現場での計測は自動化が進んでいます。計測を短時間で行うことができるようになった上に、簡単なデータ解析を現場でできるようになり、計測ミスの防止やノイズの除去もできるようになりました。また、コンピューター技術の進歩は、大量のデータを短時間で処理し、地下のイメージを作成することを可能にしました。これまでは計測方法や計算能力の限界により、深さ方向だけ変化がある水平な層構造(一次元構造)と仮定して解析する方法や、ある方向だけは地質構造が一様に続く構造(二次元構造)と仮定する方法により地下をイメージしていたので、正確さを欠くこともありました。ところが最近では、地質のどの方向への変化も知ることができる地下の三次元構造を解析することも可能になっています。三次元の世界に住む私たちとしては、究極の技術レベルに近づいていると言えるでしょう。これからの物理探査は、三次元のイメージに基づいた地球診断技術としての発展が期待されています。

一・二　なぜ地下を診ることができるのか

　ここでは、物理探査によりどのように地下を診ることができるのかについて説明します。そもそも、なぜ私たちの目は、地下が見えないのでしょうか。目は、物体から反射した光に反応して対象物を認識しています（図1―1）。人の目は太陽からの光が一番強い波長の光に反応するように進化してきたので、可視光といわれる波長が〇・三八〜〇・七八μmの範囲の光にしか感度がありません。この可視光の中で、目には波長に応じて赤や緑

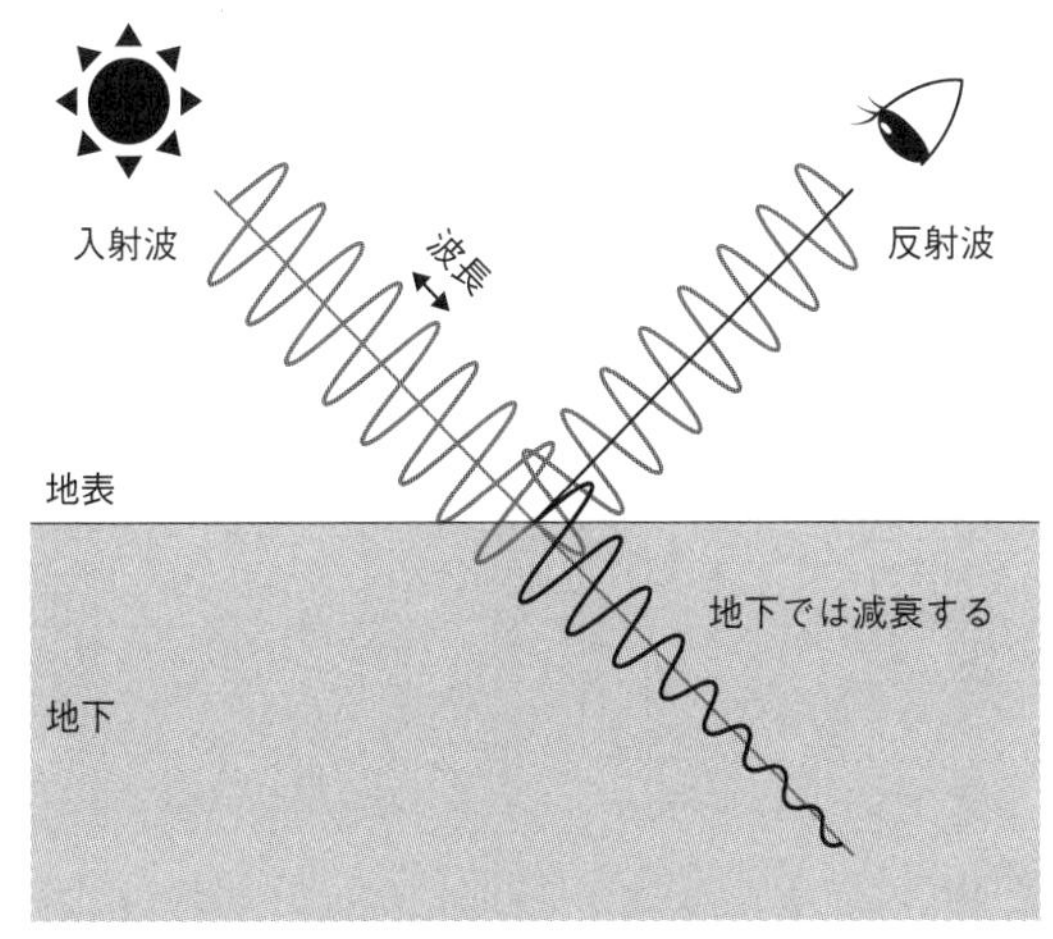

図1－1　太陽光の反射、吸収。地表に達した太陽光は、一部反射し、また一部は地下に透過します。太陽光のような短い波長の波は、地下に透過すると吸収され急激に減衰します。

などの色として見えます（図1—2）。このような非常に波長の短い光は、一部は地下に入りますが表面で急激に減衰して消えてしまいますし、大半は地表にある土やコンクリートの表面で反射してしまいます。そのため目では地下が見えないのです。では、地下深い所を診るためにはどうしたらいいのでしょうか。その一つの答えは、光よりも波長の長い電磁波を使えばよいということです。このような電磁波は深部まであま

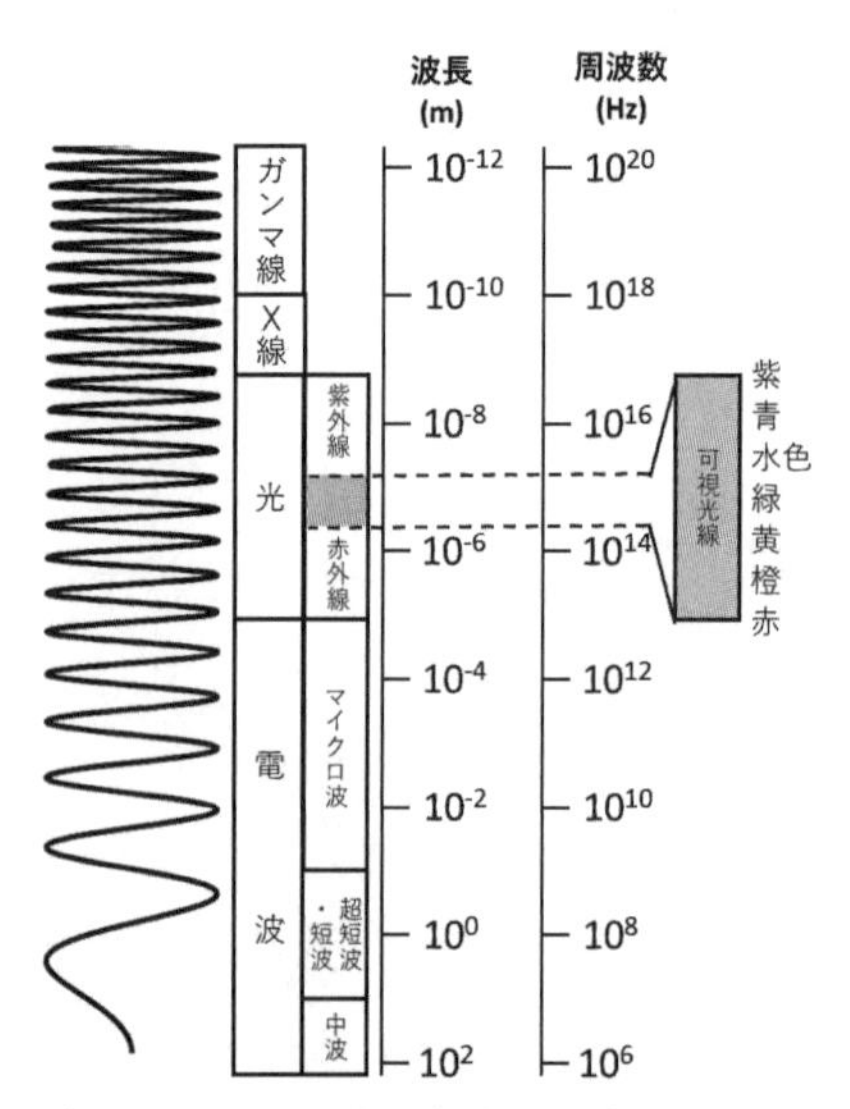

図１－２　波長による電磁波の名称と用途。人の目で見える光（可視光線）は、波長が0.38～0.78μm（１μm＝0.000001m）の範囲に限られ、その間の波長の違いにより紫～赤色に見えます。可視光線はいろいろな波長をもつ電磁波の一部であり、電磁波は、波長に応じていろいろな用途に使われています。

り減衰しないで到達するので、地下を診ることができます。

　電磁波とは何か、と問われると見えない現象なのでイメージが湧きにくいのですが、たとえば、地球上のような重力が働く場所で、水面の波が高くなったり低くなったりして伝わる波の様子を思い出してください。同様に、電気の力が及ぶ場所（電場）や磁気の力が及ぶ場所（磁場）で、図1―3の模式図に示したように、ある面上で電気や磁気の力が強くなったり弱くなったりして（振動といいます）伝わる波のことと、ここでは考えておいてください。電場や磁場が振動すると、電場は振動方向の直角の向きの磁場を誘導し、また、磁場の振動は直角方向の電場を誘導します。この現象を電磁誘導と呼びますが、それを繰り返しながら伝わる波ということもできます。電磁誘導のことは、一・四・四で詳しく説明します。

　電磁波は、波長により、いろいろな使い方をされ、呼び方も変わります（図1―2）。火にあたると体が暖かく感

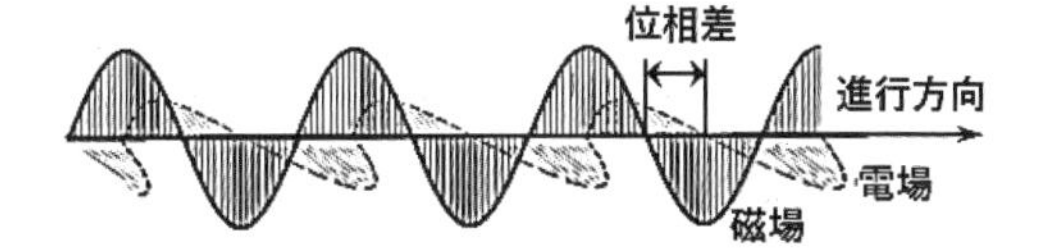

図１－３　電磁波の模式図。電磁波とは、電場強度が変動することにより、その直交方向に変動する磁場が生じ、また磁場強度の変動から電場が生じる現象（電磁誘導）を繰り返しながら伝わっていく波と考えられています。電場と磁場との波動がずれている（たとえば、中央の線を横切る位置が電場と磁場では異なる）ことを電場と磁場との間に位相差があるといいます。

じるのは、赤外線と呼ばれる波長の電磁波を受けたからであり、携帯電話やテレビも電波と呼ばれる波長の電磁波を利用しています。

私たちの目は波長の短い可視光にしか感度がないので、地表面で反射してくる光しか見えません。しかし、地下深部まで透過する波長の長い電磁波を使えば、地下深部まで診ることができます。波長の長い電磁波以外にも、地下深部まで伝播する波として地震波があります。地震波は、自然の地震や人工的に地面を振動させることで発生しますが、地層や岩盤によって地震波速度が異なるので、その境界で反射や屈折をしながら地下を伝播します。その他にも、地下の様子を伝える現象として、私たちを地球に引き付けている重力があります。地下に重い物体が埋まっていると、そこでは異常値を示します。また、地球に備わっている地磁気の強さも地下に強い磁化を持つ物体があると、そこでは異常な値を示します。このような地球に備わる物理現象を利用して地下を調べることができます。

一・三　いろいろな物理探査法

表1―1に、現在よく使われている物理探査法をまとめて示しました。表の第一列に各探査法で利用する物理現象を示しました。第二列と第三列には、受動的方法と能動的方法に分けて、探

査法を挙げました。さらに、第四列には探査の結果として得られる物性を示しました。

受動的方法とは、利用する物理現象が自然に存在する手法のことです。これらの手法は物理現象やその変動を捉える受信装置だけあればいいので、測定機材は少なくて済みますので、持ち運びが容易なため、費用も少なくて済みます。しかし、自然現象やその変動が

表1－1　物理探査法の分類

<table>
<tr><th rowspan="2">利用する
物理現象</th><th colspan="2">物理探査法</th><th rowspan="2">検出対象</th></tr>
<tr><th>受動的方法</th><th>能動的方法</th></tr>
<tr><td rowspan="3">地震波</td><td colspan="2">地震探査</td><td rowspan="2">地震波速度</td></tr>
<tr><td>微動探査
自然地震探査</td><td>屈折法探査
表面波探査</td></tr>
<tr><td>―</td><td>反射法探査</td><td>地震波速度の差</td></tr>
<tr><td>重力</td><td>重力探査</td><td>―</td><td>密度</td></tr>
<tr><td>磁気</td><td>磁気探査</td><td>―</td><td>磁化率</td></tr>
<tr><td rowspan="2">電流</td><td colspan="2">電気探査</td><td rowspan="2">比抵抗
充電率</td></tr>
<tr><td>自然電位法探査</td><td>比抵抗法探査
強制分極法探査</td></tr>
<tr><td rowspan="2">電磁波
（電磁誘導）</td><td colspan="2">電磁探査</td><td rowspan="2">比抵抗</td></tr>
<tr><td>MT法探査
VLF法探査</td><td>CSAMT法探査法
ループ･ループ法探査
TEM法探査</td></tr>
<tr><td>電磁波
（反射）</td><td>―</td><td>地中レーダ</td><td>誘電率の差</td></tr>
<tr><td rowspan="2">光学的性質</td><td colspan="2">リモートセンシング</td><td rowspan="2">電磁波の反射率・吸収率
温度</td></tr>
<tr><td>可視光センサ
赤外線センサ
遠赤外線熱映像法</td><td>マイクロ波センサ
合成開口レーダ</td></tr>
<tr><td>放射能</td><td>放射能探査</td><td>―</td><td>γ線強度</td></tr>
</table>

計測可能な強度でいつも起こるとは限りません。また、現象が弱い場合はその場所のノイズに埋もれてしまうことがあるので、いつも計測ができるとも限らず、長い計測時間が必要なこともあります。

次に、能動的探査ですが、人工的に探査に必要な信号（地震波や電磁波のこと）を送信するので、受信装置とともに送信装置が必要です。一般に、送信装置は大掛かりな装置になり、陸上では自動車等が入れる場所に設置することになるため、どこでも実施できるということにはなりません。しかし、航空機に送受信装置を積めば、どこでも自由に探査できます。このような方法は空中探査といわれ、最近発展してきました。一方、海上では、船に送受信装置を取り付け曳航すれば、自由に航行して、理想的な送信、受信装置の配列が実現できます。能動的探査では、制御された信号を繰り返して発信できるので、受信されるデータも信頼性の高いものになりますし、時間をおいて繰り返し探査を行い、地下の変化を調べることも可能です。受動的探査法と能動的探査法は探査の目的により使い分けられることになります。

第四列目には、探査の結果、地下での分布として表現される物性を記載しています。物性とは物質の示す物理的性質のことで、力学的・熱的・電気的・磁気的・光学的な性質のことです。

地下の地層にはいろいろな土や岩石が分布していますが、物理探査の結果として表現される分布は、探査の分解能に応じた範囲の平均的な性質になります。たとえば分解能が一〇mというと、地下で一〇ｍの範囲の平均的物性がわかるということです。したがって、ボーリングで地下から採取された局所的な数㎝程度の大きさの岩石試料の物性と異なる場合もあります。探査による地下の分解能は、主に探査手法や計測する測点の間隔で決まります。一般的には測点の間隔を短くすれば分解能は高くなりますが、深部では浅部に比べて分解能は低くなります。

表1―1のように物理探査にはいろいろな手法があり、探査の目的に応じて適切な手法を選ぶことが重要です。一つの手法だけでは、その方法に反応がある物性による地下の様子が診えるだけなので、いろいろな解釈ができて診断が曖昧になることもあります。そのため、複数の手法を用い、いろいろな物性の分布から地下を診ることにより、診断の不確実性を減らすことができます。複雑な地下をわかりやすく示す画像化技術も重要です。平面的な広がりと地下の深度方向の分布を表す三次元的な地下のイメージをわかりやすく表現する方法が考えだされています。

以下の節では、代表的な探査法について、基本となる物理現象を紹介し、それによりどのような地下の様子がわかるのかを説明します。

一・四　地下で起こる物理現象

一・四・一　地震波の伝播

地表で人工的に振動を与えたり、あるいは、地下深部で岩盤の破壊により振動が発生すると、それが波として伝播し周囲に広がっていきます。震源から真っすぐに観測点に伝わる直接波、地下の地層の境界面などで跳ね返る反射波、地層の境界面を伝わる屈折波の三種類です。地震波の伝わり方を図1―4に示します。地表に多くの地震計を並べるといろいろな伝播経路を通った地震波が到達する時間を記録することができます。地震波が私たちがいる地表に達すると揺れを感じます。これが地震といわれる現象です。

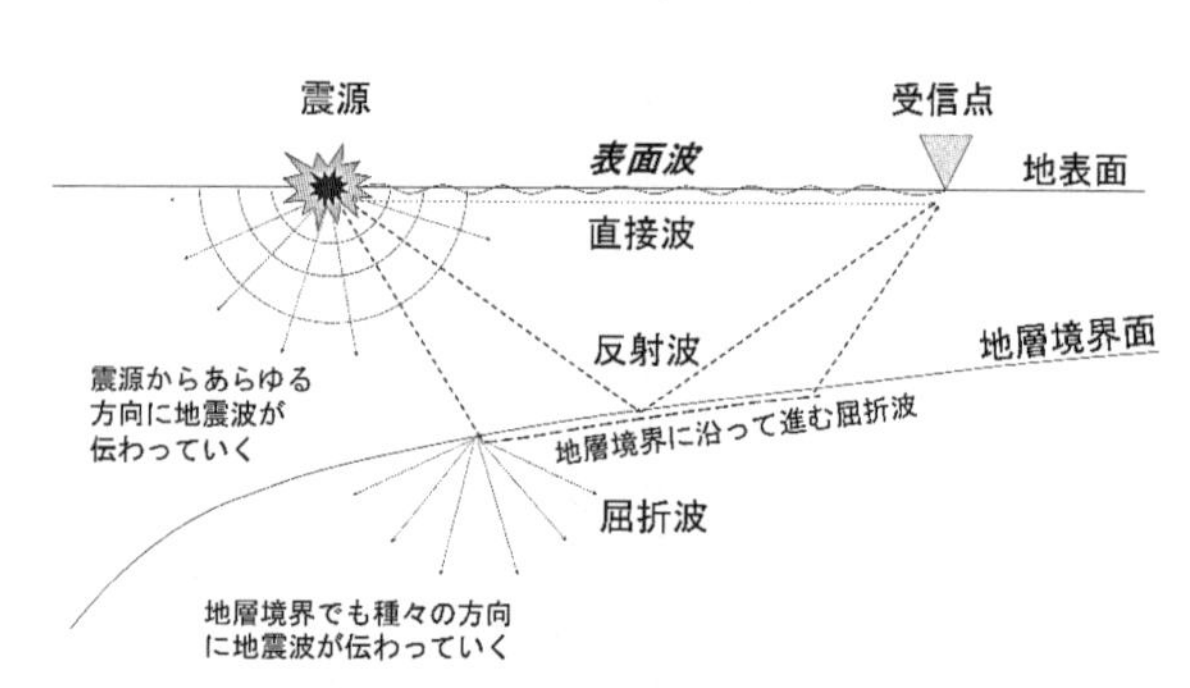

図１－４　地震波が地下を伝わる様子。地震波には、地表面に沿って進む表面波と地下の地層中を伝わる実体波があります。実体波は、震源から受信点に直接到達する直接波、下部の地層境界から反射してくる反射波、下部の地層境界に達してから境界に沿って進み、再び受信点に到達する屈折波があります。

地球は近似的に弾性体と考えられます。たとえば、ボールのように手で押すとへこみますが、離すと元に戻るような物体のことです。地震波は弾性体を伝播する弾性波の一種です。そのため、地震波探査は弾性波探査と呼ばれることもあります。資源探査が目的の場合は地震波探査、建設や土木の分野の場合は弾性波探査という場合が多いようです。地震波探査は以下では地震探査と呼びます。

地中を伝わる地震波には、図1―5に示すように三つの種類があります。地震時の揺れを思い出してください、最初に来る突き上げるような縦揺れの波がP波、少し遅れて来るユサユサと大きな横揺れがS波です。P波のPは「最初に」を示すPrimary、S波のSは「二番目の」を示すSecondaryのそれぞれの頭文字です。平野部のように柔らかい地層が厚い地域ではS波が到来した後、S波よりもゆっくりと揺れる振動が比較的長く続くことがあります。これは表面波と呼ばれる波で、地表に沿って伝播します。これらの伝播速度は、P波、S波、表面波の順に遅いので、同図の上の図に示したような順番で到来します。

弾性体の圧縮や膨張によって発生する歪が、物質内を伝わる現象がP波です。物体の上下の面を反対向きに横にずらしたときに発生するずれの力（せん断力）によって発生するひずみが伝播する現象がS波です。一般的にP波、S波の速度は、硬い物質中では早く、軟らかい物質中では遅くなります。水のような流体にはせん断力に抵抗がないために、S波はその中を伝播しません。

地表に多くの地震計を並べるといろいろな伝播経路を通った地震波が到達する時間を記録することができます。この記録を解析して地下の地震波速度分布を求める探査法を、それぞれ屈折法探査、反射法探査と呼びます。詳しい探査方法は、それぞ

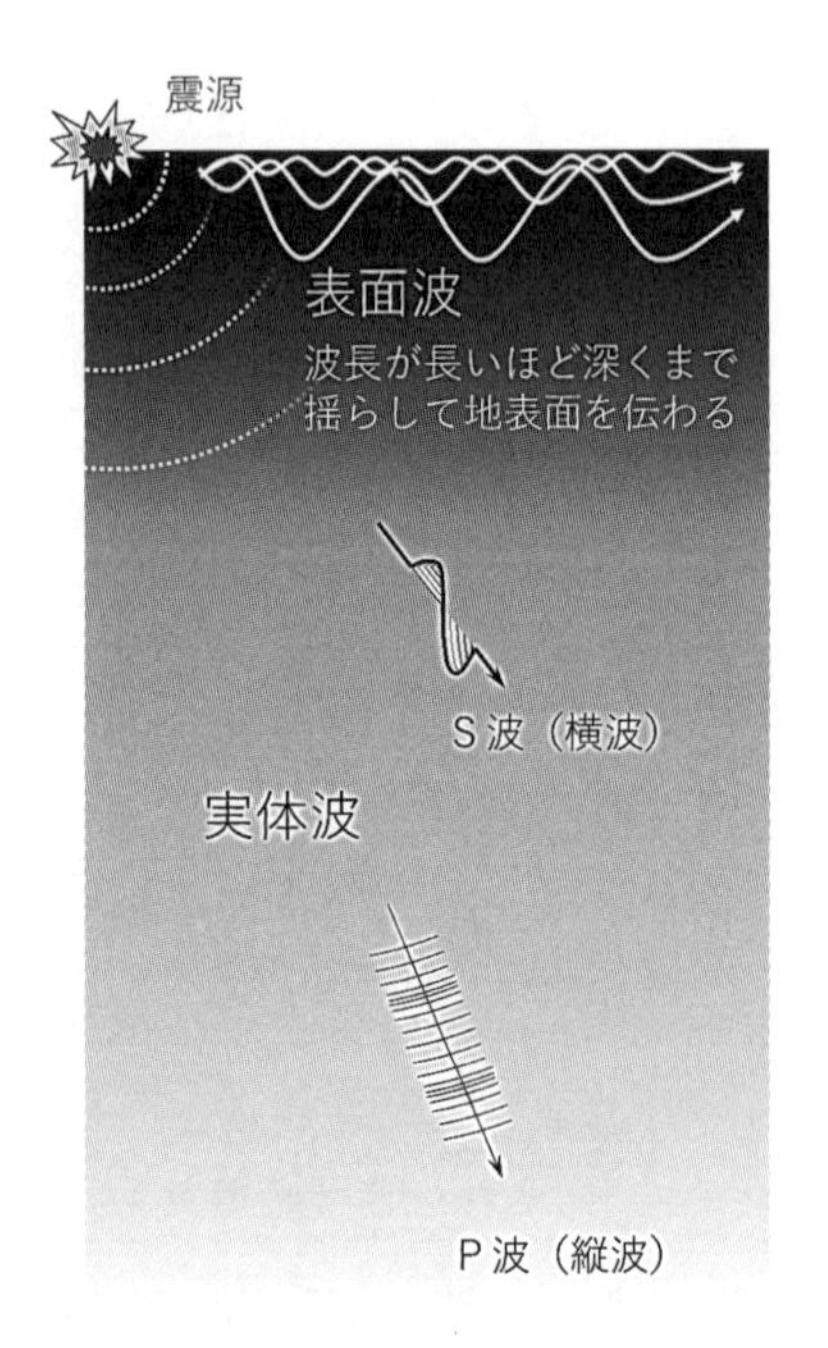

図1－5　地震波の種類。地震波には、地下を伝わる実体波と地表面を伝わる表面波があります。実体波は、進行方向と平行に振動するP波（縦波、疎密波）と、進行方向と直行する方向に振動するS波（横波、せん断波）があり、表面波は、波長により振動する深さが異なり、その深さまでの速度で伝播します。

れ三・二・一と三・二・二で説明します。この他に、地表面などの境界面に沿って伝播する表面波もあります。表面波の伝播速度はS波速度に近いのでその近似値として用いられます。また、波長により伝播速度が異なる特徴を持ち、長い波長ほど深い所のS波速度を反映しますので、多くの波長について観測点における走時を測定すると、浅い所から深い所までのS波速度が決められます（図1―5）。表面波探査については、三・二・三で詳しく説明します。

一・四・二　重力異常

机の上に物を静かに置くと動きません。私たちも地表にじっと立っていることができま

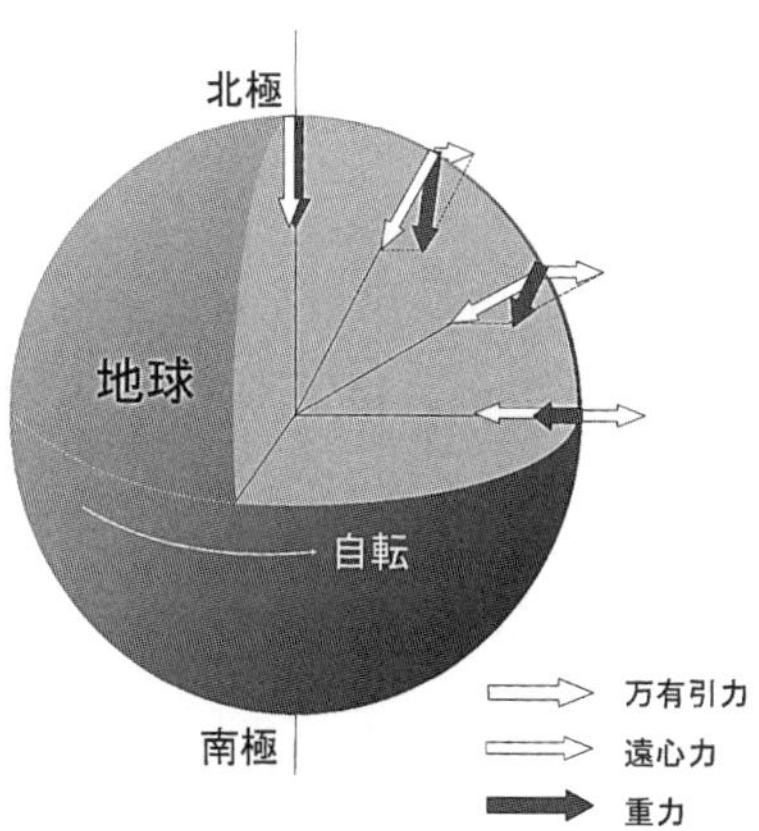

図1－6　地球上の物体に働く重力は、地球との万有引力と自転による遠心力との合力です。図では遠心力の大きさを誇張して描いており、実際は万有引力よりもずっと小さい。

す。物を落とすと必ず鉛直に落ちます。これは、地球上のあらゆるものが重力の影響を受けているからです。重力とは何でしょうか。この世を支配している基本法則の一つに、万有引力の法則があります。あらゆる物は引き合うという法則です。したがって、地球上にある物と地球とは引き合っています。また、地球上の物体は、地球の自転による遠心力を受けています。この力は、地表にある物体を外向きに飛ばそうとする方向に働きます。重力とは、この二つの力の合力です（図1―6）。私たちが地球の外に飛び出していかないのは、万有引力の方が遠心力より圧倒的に強いからです。この遠心力は、極地域では小さく、赤道付近で大きいため、重力は極で大きく、赤道ではわずかに小さくなります。地

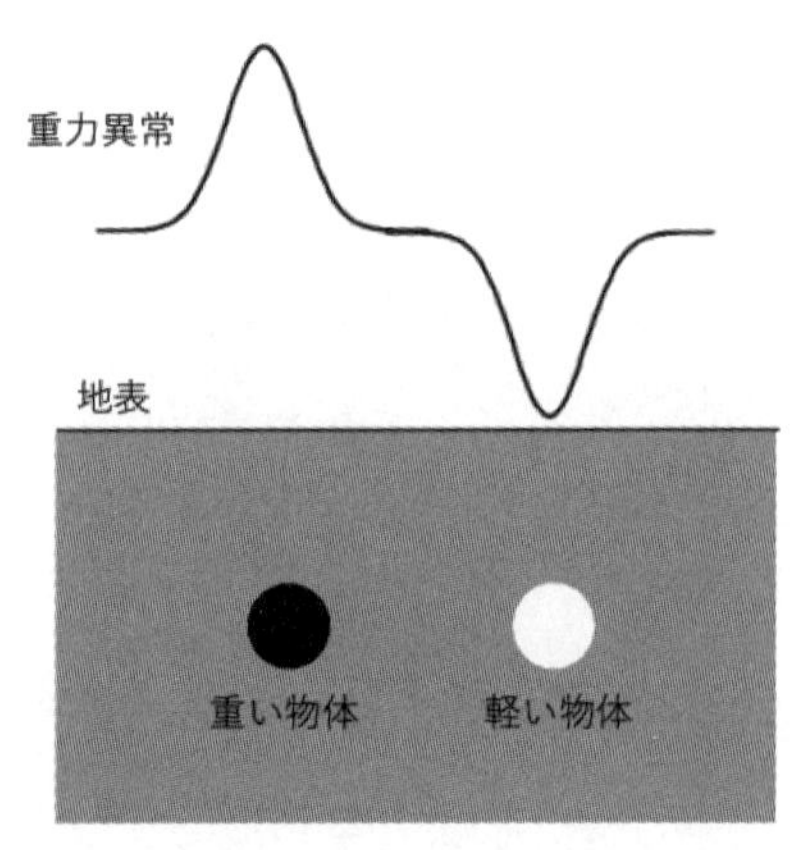

図1－7　地下の密度分布と重力異常の関係。密度大きい重い物体が地下にあると重力異常は高くなり、密度の小さい軽い物体があると異常は低くなります。

球上にある一kgの物に働く重力は約九・八N（ニュートン）です。

地球上のある場所で測定される重力値は、その場所の緯度や大気圧、標高や周囲の地形の影響も受け、わずかですが太陽や月からの引力の影響も受けて時間的に変動しています。それらの影響を補正して、地球上の平均海水面での重力値を求めます。平均海水面は、陸上では水路に海水を導いたときの仮想水面になります。その値と地球を回転楕円体と考えて計算で求めた正規重力値との差を重力異常（ブーゲー異常）といいます。重力異常は、地下に周囲に比べて重い物や軽い物、すなわち、密度の大きい物や小さい物があると、それぞれ高重力異常、低重力異常として検知されます。重力異常の例を図1―7に示します。こうして、重力の分布から地下の密度分布を調べることができます。重力探査については三・三で詳しく説明します。

一・四・三　磁気異常

日本付近では、方位磁石を使うとN極が北の方を向きます。しかし、その向きは北極の方向ではなく、東京付近では約七度、北海道では約九度くらい北極の方向からずれています。また、東京では磁石の針は水平だとしても、それを北海道に持って行くとN極側が下がって傾いてしまいます。なぜこのようなことが起きるのでしょうか。

今の地磁気の分布は、地軸（北極と南極を結ぶ軸）より十度くらい傾いた、北がS極で南がN極の棒磁石を地球の中心に置いたときの磁気の分布とよく合っています（図1―8）。この棒磁石の地表への延長（地磁気北極）が地理的北極と一致していないことが、方位磁石のN極の方向が北極の方向と一致しない原因です。このずれのことを偏角といいます。また、磁力線の向きは、日本のような中緯度地域では、北側に傾くことになり、北極に近づくほど傾斜が増して、北磁極では垂直になります。この傾斜を伏角といいます。

岩石の中に磁気を保持し、磁石になる強磁性鉱物が含まれると、鉱物が生成されるときのその場所の地磁気の方向に磁化します。つまり、鉱物がそういう方向の磁石になるということです。磁石の強さは、鉱物の磁化のしやすさ（磁化率）により決まります。そういう鉱物を含む岩体が地下にあると、地磁気と合わせて図1―9（a）のような磁場が地表に現れます。そこを南北方向に横切って地表で磁気の強さを測定すると、（b）のようになります。岩体の南側（赤道側）では、地磁気と岩体による磁気とが同じ向きなので強められますが、北側（極側）では、それらの向きが互いに反対なので強さが弱められます。したがって、磁化した岩体が地下にあると、地表での強度分布に強弱一対の異常が現れることになります。このような地表で測定される磁気強度から地下の磁化の強さの分布を求める方法は三・四で説明します。

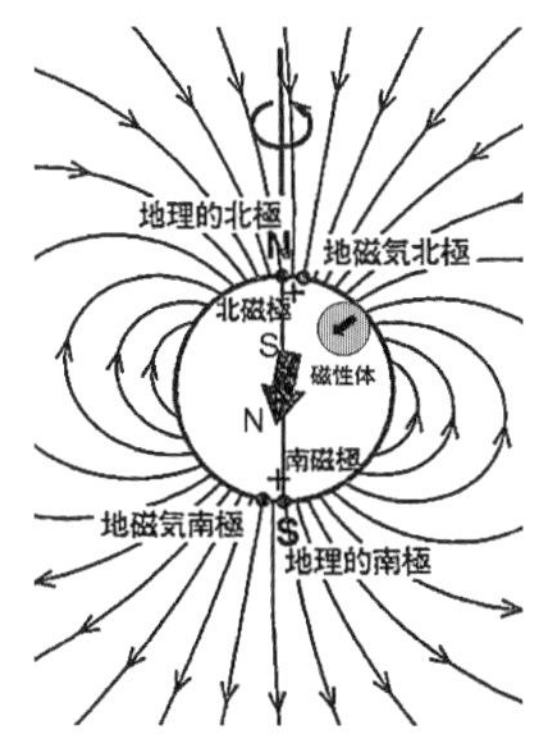

図１－８　地磁気の分布は、地球の中心に置いた傾いた棒磁石による磁気分布で近似されます。磁石の周りにできる磁場の様子は矢印の磁力線により示され、磁力線の接線方向が磁場の方向であり、線の密度は大きさを表します。地球の中心にある磁石が傾いているので、地磁気北極と地理的北極とは一致しません。地下に強磁性体があると、その場所の磁場の方向に帯磁します（物理探査学会、2016aに加筆）。

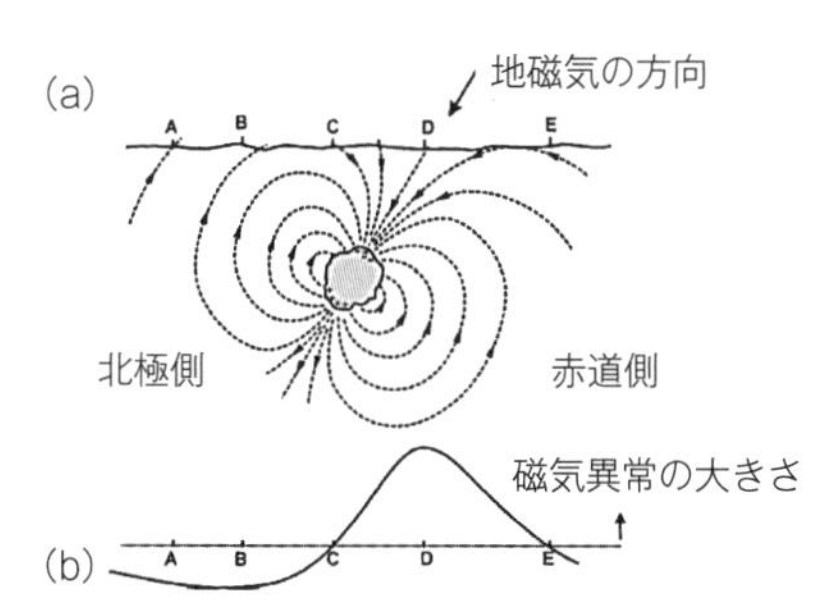

図１－９　帯磁した磁性体による磁場とその地表での強度分布。北半球では（a）図のように地磁気の方向が北に傾いており、磁性体はその方向の磁化をもちます。その場合、地表では（b）のように赤道側で正の異常、北極側で負の異常が現れます（Milsom, J. and Eriksen, A., 2011より引用）。

一・四・四　電気伝導と電磁誘導

電気が流れやすい物体（導体）として金属や塩水などが知られています。電気が流れるという現象（電気伝導）は、金属の中にある自由に動ける電子や、塩水などの電解質溶液の中で電離した陽イオンや陰イオンなど、電荷を持つ粒子が移動する現象です（図1―10）。電荷による力（電気力）が及ぶ場所を電場といいます（図1―11）。たとえば、正電荷による電場の中に正電荷を持ってくると反発する力（斥力）が生じますし、負の電荷を持ってくると引き合う力（引力）が生じます。力の大きさは電荷量と距離の逆数の二乗に比例します（クーロンの法則）。

電荷を移動させるためには、電荷を含む物体に電池などにより電圧（両端の電位差＝エネルギーの差）を与える必要があります。一秒間に移動する電荷の量を電流といいま

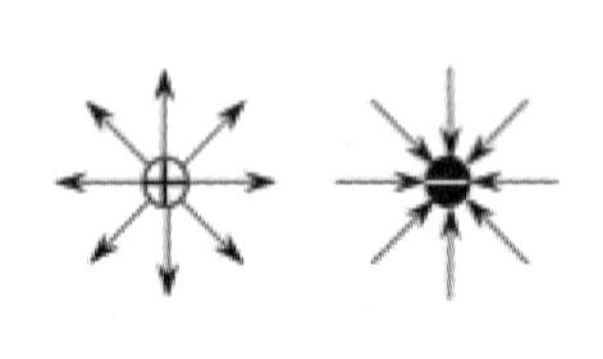

図1−11　正電荷による電場、負電荷による電場。

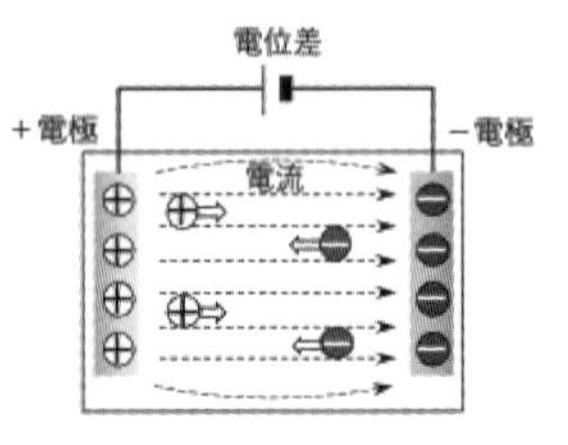

図1−10　＋の電荷が移動する方向に電流が流れます。−の電荷が移動すると電流の方向は反対になります。

す。電荷には正の電荷量を持つ正電荷(陽子や陽イオンなど)と負の電荷量を持つ負電荷(電子や陰イオンなど)があります。正の電荷が移動する向きは電流の向きと決められており、もし、電子のような負電荷が移動するときは、電流は反対向きになります。

　ある物体の両端に電位差を与えたときに流れる電流との比を電気抵抗(電気の流れにくさ)といい、電気抵抗・電流・電位差の関係はオームの法則として知られています。電気抵抗は、物体の大きさにより違うので、いろいろな物の電気の通しにくさを比較するために、電流が流れる流路の断面積が一㎡、長さが一mの物体の電気抵抗を

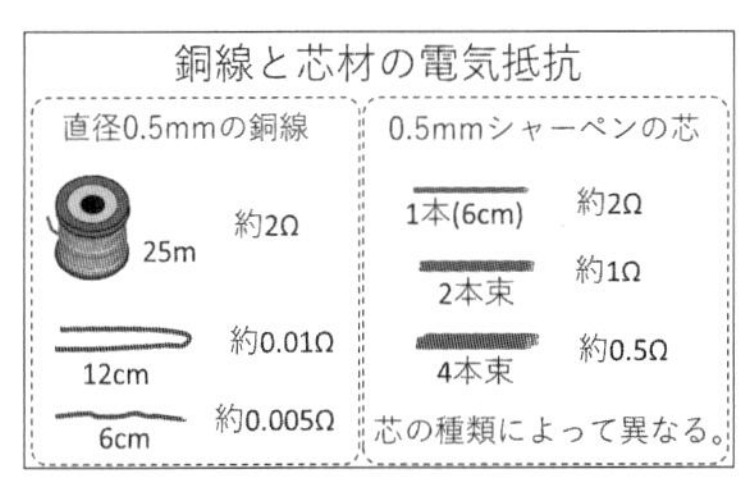

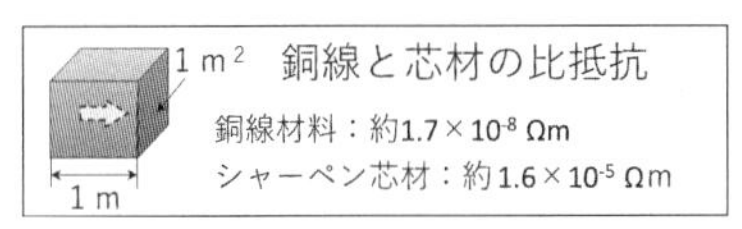

図1－12　電気抵抗と比抵抗は、どちらも電気の流れにくさを表します。電気抵抗は形状や大きさによって異なりますが、比抵抗は材質固有の値になります。

「比抵抗」と呼びます（図1―12）。

電線に電流を流すと、その周りに磁場ができて、その向きは電流の方向に右ねじを回す方向になります（図1―13（a））。一方、磁場に変化を与えるとその周囲に電流が流れます。たとえば、棒磁石のN極を電線に近づけると、環状電線を貫く下向きの磁場が増加するため、それを打ち消す上向きの磁場が生じるように反時計回りの電流が流れます（図1―13（b））。

同様に、導体の中に電流が流れると、その周囲に磁場が生じます。磁場が変化するとその周囲で電流が誘導されることが知られています。このような現象を電磁誘導といいます。地下も導体なので、このような電気伝導や電磁誘導といった現象が生じます。

以上説明した電気伝導現象を利用する探査が、比抵抗法電気探査です。図1―14は、地下に電流を流して、地下の比抵抗分布に応じて発生する地表での電位差を測定する比抵抗法電気探査の概念図です。この探査法ついては、三・五・一で詳しく説明します。

電磁探査は電磁誘導現象を利用する方法です。図1―15に電磁探査法の原理を示しました。地表にループ状のコイル（環状電線）を置き鉛直磁場を地下に送ると、地下に発生する渦電流の大きさが地下の比抵抗分布により決まります。地表で渦電流により誘導される磁場を測定して、地下の様子を探ることができます。詳しくは三・六・二および三・六・三で説明します。

人間の目で捉える短い波長の電磁波である光は、地下には透過しないため、目で地下を見るこ

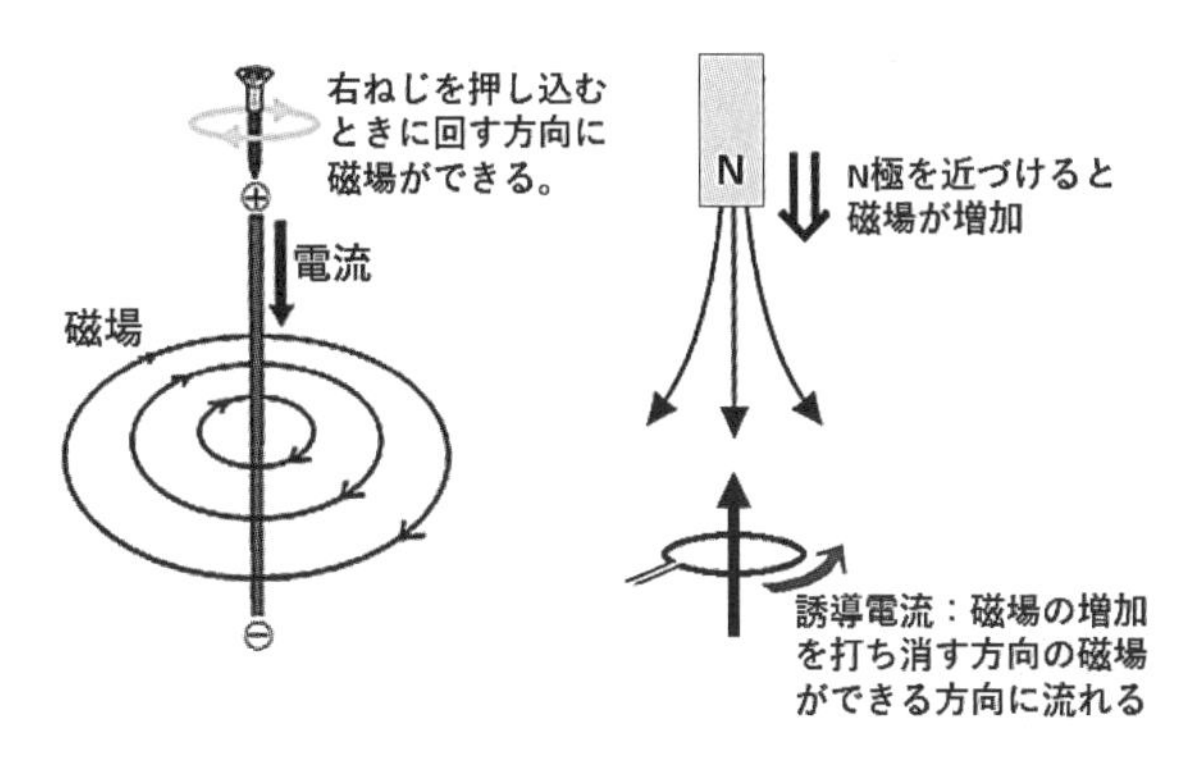

図１－13　（ａ）電流により生じる磁場（アンペールの法則）、（ｂ）磁場の変化により生じる誘導電流（レンツの法則）。

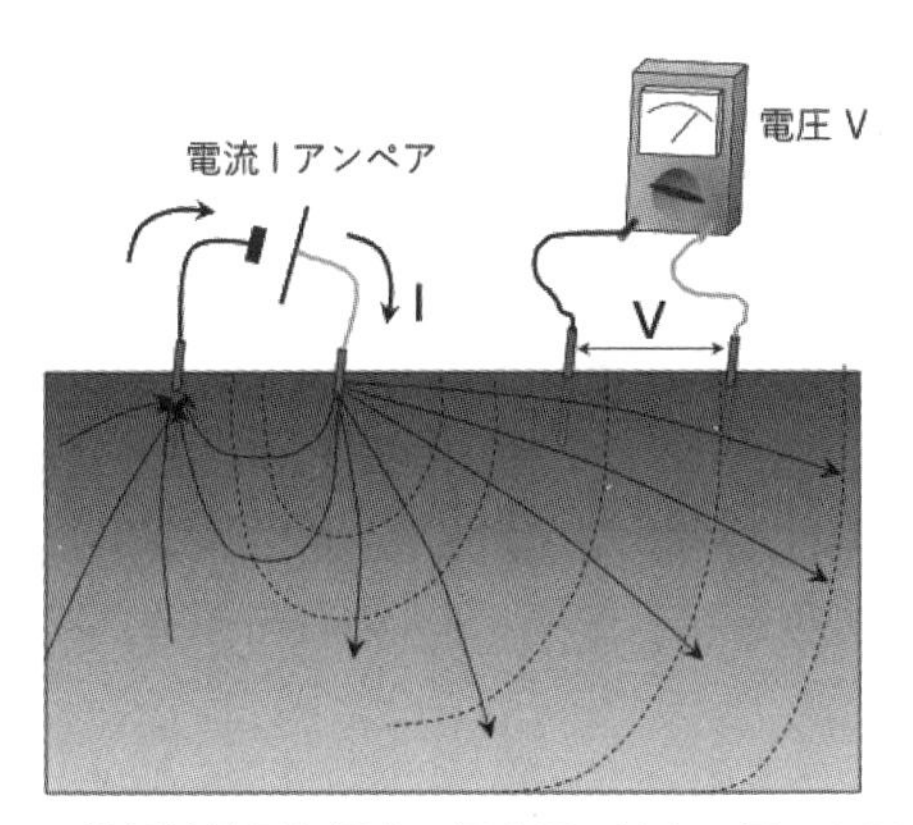

図１－14　比抵抗法電気探査の概念図。地表に置いた正負一組の電極から電気が矢印線（電気力線）のように流れ、点線のように等電位面が生じます。地表で電位差を測定すると、地下の見掛け比抵抗が測定されます。見掛け比抵抗は、電流が流れている範囲の平均的な比抵抗と考えられます。

とができませんが、長い波長の電磁波を用いると地下深部を診ることができると一・二で述べました。そのことをもう少し詳しく説明します。電磁波は、地下の岩盤に入ると、エネルギーが吸収されて強度が減衰します。波長が短いと急激に減衰し、波長が長いと地下深くまであまり減衰しません（図1—16）。地下深部を探査するためには、波長の長い（周波数の低い＝一秒間に振動する回数が少ない）電磁波を利用することになります。中には、波長が数㎞になるような電磁波もあり、それを利用すると波長に匹敵するような深さ

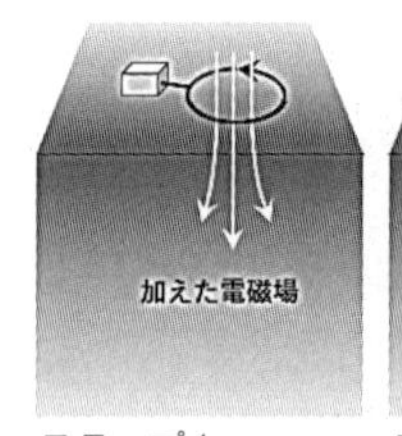

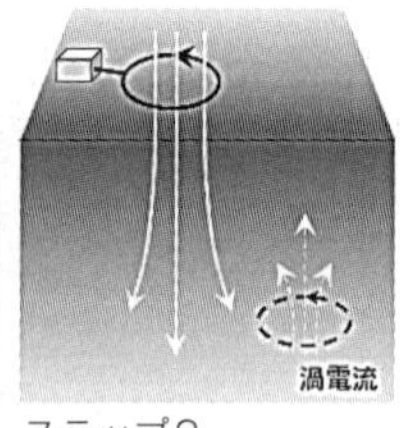

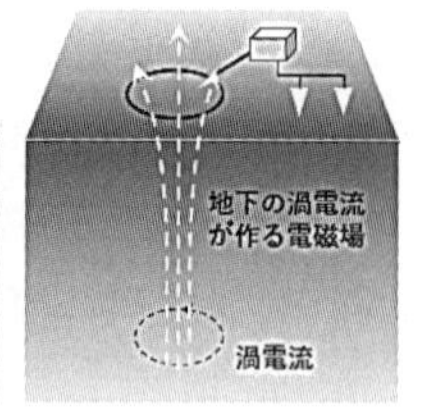

図1－15　地下で生じる電磁誘導現象。渦電流の強度はその場所の比抵抗に依存するので、それにより生じる地表の磁場や電場の強度を測定することにより、地下の比抵抗を調べることができます。以下のステップで現象が進みます。
ステップ1：地表の環状電線に交流電流を流すと、垂直方向の磁場が地下に生じます。ステップ2：変動磁場に対してその強度変化を妨げるように誘導電流が流れます（渦電流）。ステップ3：環状の渦電流によりそれを貫く方向の磁場が生じ、それが地表で測定されます。また、渦電流による電場も地表で測定されます。

の地下を診ることができます。そのような電磁波は、太陽の活動により地球に吹き付けられる太陽風や雷などの自然現象が原因で生じます。

電磁波は電磁誘導により地中に伝播していきます。この電磁誘導で生じる電場と磁場の強度比や波動のずれ（位相差、図1―3参照）は地下の比抵抗により決まります。そのため、電場と磁場を観測して、電気抵抗の違いとして地下を診ることができるわけです。このような自然の電磁波を使う探査法をMT法電磁探査といい、三・六・一で詳しく説明します。

たとえば、鉄鉱石がある場所や塩分の濃い温泉水が溜まっている場所では比抵抗は小さくなり、そういう特徴のある場所を見つけることができます。ただし、波長の長い電磁波を使うと地下の構造の分解能は低下します。細かい所はわからなくなり、地下深部ではぼんやりと大きい構造だけが見えることになります。

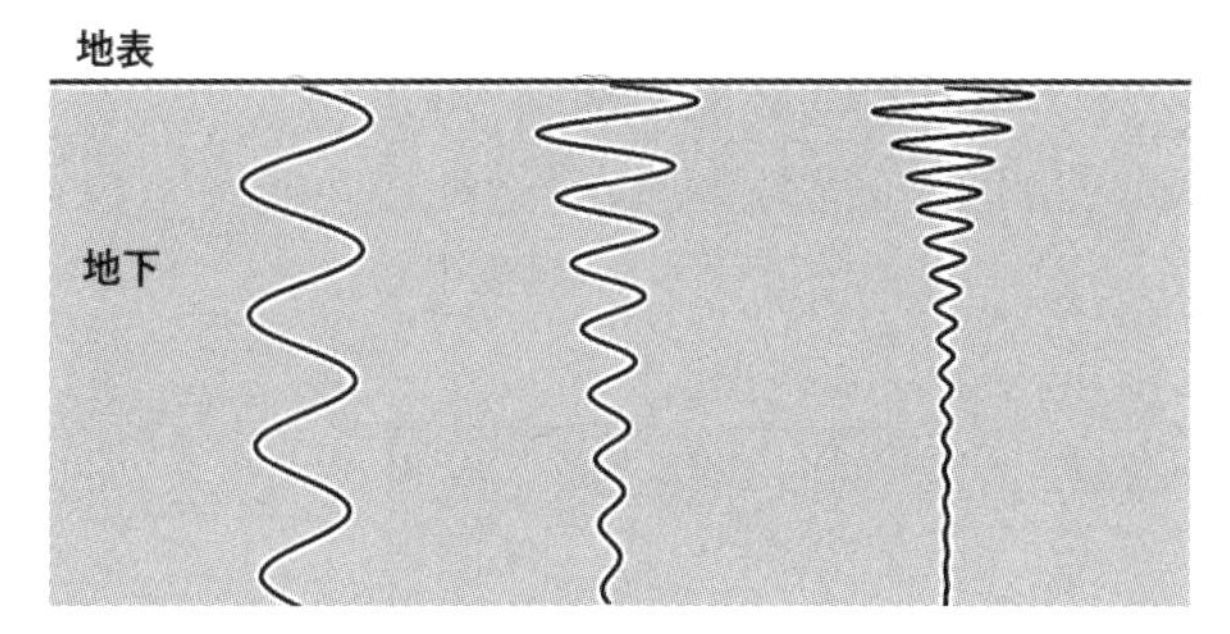

図１－16　地下に透過した電磁波はエネルギーが吸収されて振幅が減衰します。波長が長い波（周波数が低い＝１秒間に振動する数が少ない）は、減衰が少なく地下深部まで到達します。

一・五　地下の物性

一・五・一　粒子と間隙

物理探査では、地下の物性の分布やその変化を捉えて、資源の分布や建造物を建てる地盤の強度などを判定します。そのためには、地下を構成するいろいろな岩石の物性の違いをあらかじめ知っている必要があります。表1―1で、各探査法で対象となる物性を表の第四列に示しました。

岩石は鉱物粒子の塊ですが、粒子の形は不規則であり、それが接しているところには隙間が生じます（図1―17）。その隙間（間隙）は、地下水、空気、天然ガスなどの流体により満た

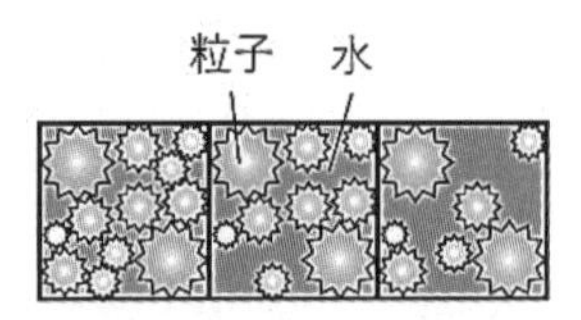

図1－17　岩石は、鉱物粒子と間隙とから構成されています。間隙は水で満たされている（飽和している）場合と水だけでなく空気やガスが含まれている場合とがあります。

されています。岩石は、いろいろな種類の鉱物粒子とその間隙との集合体なので、鉱物粒子の物性に左右され、間隙を満たす流体の種類やその物性にも関係します。岩石全体の中で間隙の占める割合（間隙率）は岩石全体の物性に関係します。間隙率は、硬い岩石では五％以下、間隙の多い岩石では一〇から二〇％くらいです。間隙率の大きさは、岩石の物性に大きく影響します。これからの節では、物理探査で得られる物性の特徴を示し、どうして地下の様子を診ることができるのかについて説明します。

一・五・二　密度

重力探査によりわかる物性は地下の密度分布です。密度は物体の体積一㎥あたりの重さです。常温の水は、常温では約一〇〇〇kg／㎥です。地下にある岩石は普通二〇〇〇から三〇〇〇kg／㎥くらいのことが多いですが、鉄や銅を含む金属鉱物は、四〇〇〇から六〇〇〇kg／㎥にもなります。そういう密度の高い物が埋没している所は、重力値の高異常として検知されます。また、地表近くの緩く積もっている土や砂は、間隙に空気が含まれる場合は密度が小さく、地下水に満たされている場合は大きくなります。石油を貯留する層では間隙に天然ガスが含まれる場合は、密度が小さくなります。こうして重力異常を通して地下の様子を診ることができます。

一・五・三　磁化率

磁気探査では、磁気強度の分布により地下の様子を調べます。地下物質の磁気強度は、地下物質の磁化率（または帯磁率）に関係しています。磁化率は、物体を磁場の中に置いたときにどのくらいの磁気を獲得するかという指標です。地球上の物体は、地球が持っている磁場である地磁気の影響下にあります。そのため、磁化率の大きい強磁性鉱物を含む岩石は強く磁化します。常温では無視できるくらいのわずかな磁化しか持たない物質は常磁性体といいます。私たちの身近にある物質は、ほとんど常磁性体で磁化していませんが、身近にある強磁性を持つ物質として鉄があります。鉄の鉱石となる鉱物も強磁性体ですが、普通の鉱物より磁化率が百倍から千倍も大きく、したがって、地下に鉄製品や鉄鉱石が埋没している所では、高磁気異常として磁気探査により捉えられます。一方、磁化している岩体の一部が、たとえば、雨水が浸透して風化したり、熱い温泉水などで変質を受けると、含まれる強磁性鉱物が消失して、そこは低磁気異常が生じます。

一・五・四　地震波速度

地震探査により得られるP波速度やS波速度は、鉱物粒子や間隙流体の弾性率と密度により決まります。地震波は、主に粒子を伝わっていきますが、間隙も伝わります。P波は縦波の粗密波なので間隙流体でも伝播しますが、S波は横波でせん断変形（上面と下面の食い違いの変形）で伝わるので、それに対する抵抗がない流体中は伝播しません。

普通の鉱物粒子ではP波速度が四km／秒から六km／秒くらい、S波速度は二km／秒から四km／秒くらいですが、間隙流体のP波速度が水の場合は一・五km／秒、空気の場合は〇・三km／秒くらいなので、岩石としての速度はそれらの混合した値になります。したがって、間隙率の小さい硬い岩石では高速度、間隙の多い軟らかい岩石や亀裂が多い岩石では低速度になります。図1―18に、いろいろなタイプの砂岩について、地震波速度と間隙率との関係例を示しました。岩石の産地や生成年代より同じ間隙率でも速度は幅を持ちますが、間隙率が大きくなると速度も遅くなる関係が明瞭に見られます。

S波は間隙流体の影響は受けず粒子の性質を反映します。P波は粒子だけでなく間隙の影響を受けます。間隙に水が多いと高速度になり、空気が多いと低速度になります。そこで、P波速度

(V_p) とS波速度 (V_s) との比 (V_p／V_s比) は、水を含む岩石では大きくなり、乾いた岩石では小さくなります。V_p／V_s比は、ポアソン比といわれる弾性体の性質にも関係しています。ポアソン比とは、物体の上面に垂直に力を加えると側面も膨らみますが、この側面の横ひずみと垂直の縦ひずみとの比のことです。普通の岩石は〇・二五くらいの値です。

　以上のように地震波速度は、間隙率や間隙流体の種類に依存しますが、このような性質は岩石の強度や透水性にも関係しています。したがって、P波速度を基にして、ダムの基礎岩盤の強度や透水性を判定する基準やトンネルを掘るときの工事方法の判定基準が作成されています。S波速度により堤防内の砂層と粘土層を区別することも行われています。

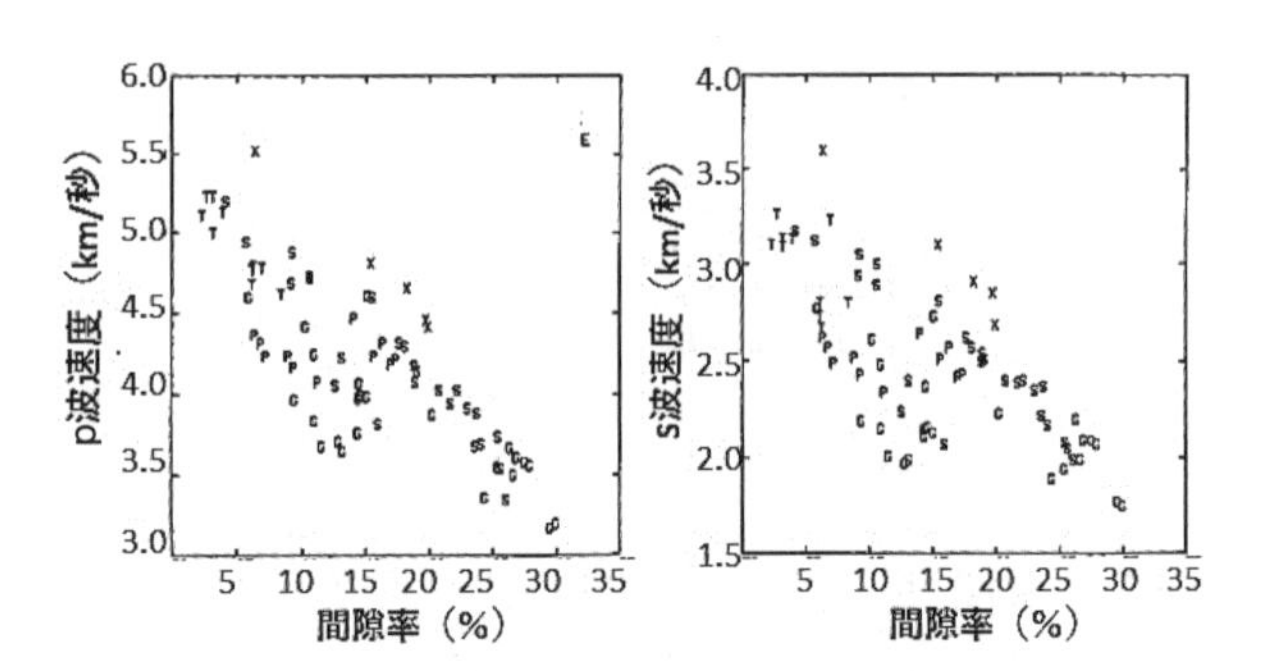

図1−18　いろいろな砂岩に対する間隙率とP波速度、S波速度との関係（Han D. et al., 1986より引用）。

一・五・五　比抵抗

比抵抗値は電気の流れにくさを示す値で、流れやすさを表す電気伝導度とは逆数の関係になります。岩石を構成する鉱物粒子は常温では絶縁体であり、電気を通さないので、岩石中では電気は間隙流体を流れます。したがって、岩石の比抵抗は、間隙率や流体の中を電気が流れる経路の長さと、間隙を占める流体の比抵抗に依存しています。一方、間隙流体が空気や石油など電気を流さない場合は、岩石の比抵抗は高くなります。

地下では、間隙は地下水で満たされていて、それに含まれる塩分は陽イオンと陰イオンとに解離して溶けている電解質溶液です。比抵抗の値は、その塩濃度や解離度により決まります。地下水にはいろいろな化学成分が溶けていますし、その濃度も幅が広いので、その比抵抗値は五Ωmから一〇〇Ωmくらいの範囲になります。また、海水はかなり低く〇・三Ωmくらいです。海水を含む場合は岩石の比抵抗値も低くなります。溶液の比抵抗は、温度により変わるため、岩石の比抵抗も温度とともに変わり、高温になると比抵抗は低くなります。

岩石の比抵抗は、間隙水の比抵抗に比例し、岩石の比抵抗を間隙水の比抵抗で割った値を地層係数といいます。この値は、間隙水の影響を取り除いた値と考えることができます。図1―19に、さまざまな砂に対する間隙率と地層係数との関係を示します。この図のように、間隙率の対数値と地層係数の対数値を取ると、それらの関係はほぼ直線になることが知られています。砂の比抵抗値は間隙水の比抵抗値の三倍から六倍くらいの値を示します。

ここまでは、粒子は絶縁体と考えた場合の説明をしましたが、金属鉱物の中には導電性を持つものがあり、それを含む場合は比抵抗値は低くなります。粘土のような細粒の粒子は、粒子表面にイオンが吸着されてそこに電流が流れる表面伝導現象が起きます。それにより、粘土層は低比抵

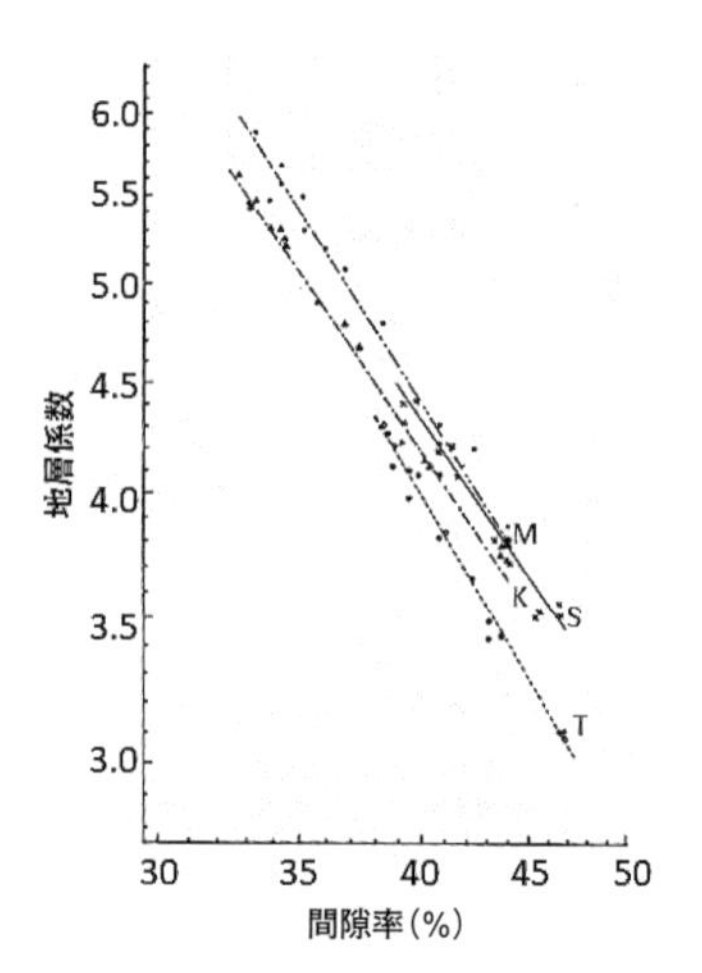

図1−19　いろいろな砂に対する間隙率と地層係数との関係（茂木、佐々、1983を改変）。M：湖岸の砂で粗粒から細粒まで含む。K：中流域の川の砂で粗粒から細粒まで含む。S：粒度のそろった海の砂。T：粗粒分が多い海岸の砂。

抗を示すことがあります。

　比抵抗には以上のような性質があるため、電気探査や電磁探査により地下の比抵抗分布から地下の様子を診ることができます。低比抵抗領域は、間隙が多く水がたくさん溜まっている所と考えられますし、そういう所は透水性も高く水が流れやすいといえます。ただし、粘土が含まれて低比抵抗になっている場合は、透水性は低くなります。一方、高比抵抗領域は、水が少なく透水性も低くて水の流れを遮る所と考えることができます。比抵抗値は水に関する地下の様子を診るのに適しています。

第二章　社会に貢献する物理探査

二・一　地下は宝の山であり危険の巣でもある

本章では物理探査が使われている具体的な対象について事例を交えて説明します。物理探査が社会的課題の解決に貢献し、有効な対策を立てるために役に立っていることを示したいと思います。

私たちは、地下から石油や天然ガスあるいは金属資源など生活に欠かせない資源を得て利用しているだけでなく、地下街やトンネルなどの地下空間を作って便利な生活を送っています。地下は、我々にとってまさに宝の山といえます。これらの資源を探すために物理探査は利用されています。一方、地下で起こる現象として地震や火山噴火など大災害に直結する自然現象や、豪雨時の洪水による堤防の破壊や地すべり、あるいは地震時の液状化といった生活の脅威となる危険なところが方々にあり、地下は危険の巣ともいえるでしょう。それらの災害の予測や対策にも物理探査は活躍します。さらに、大雨時における堤防決壊の危険性や、ダム、トンネルの老朽化による内部の損傷を外から診る技術としても物理探査は使われています。

また、地球温暖化対策として二酸化炭素を減らすための地下貯蔵や廃棄物処理場の管理など、環境問題にも物理探査は貢献しています。さらに人類の歴史を解明する遺跡の探査や、地球だけでなく月の探査にも役立てられています。このように過去・現在・未来の人類の社会生活に貢献する物理探査についても具体的な事例を挙げて説明していきます。

二・二　大地震の発生場所を探る

日本は地震が多いといわれています。大きな被害を発生させる地震の規模を示すマグニチュードが六・〇以上の地震は、全世界で起きた回数のうち二〇％くらいは日本で発生しています。また、実際の地面の揺れの大きさを示す指標は震度であり、最大震度六以上の大地震が起こると、その周辺では大きな被害が発生します。なぜ日本では地震が多いのでしょう。それは、日本がユーラシア大陸の東の縁にあり、太平洋と面した位置にあることが原因です。図2―1は日本列島の断面を模式的に描いたものです。東日本の場合、太平洋プレートが、日本列島を載せている大陸側の北アメリカプレート（東北日本プレートと呼ぶこともある）の下に年間約九㎝の速さで沈み込むときに、大陸側プレートを押し、それに載っている日本列島に歪を与えることが直接の原因です。

プレート境界面に歪が溜まっていくと、あるとき突然境界面がすべって歪を解消します。このとき地震波が発生し、それが地表に届くと私たちはこれを揺れとして感じます。このような場所で発生する地震がプレート境界の地震です。マグニチュードが八を超えるような巨大地震は、ほとんどこのタイプです。「平成二三年（二〇一一年）東北地方太平洋沖地震（以下、東北地方太平洋沖地震）」や、「二〇〇三年十勝沖地震」など最近のマグニチュード八以上の地震もこのタイプです。ほかにも、海洋プレート内部に歪が溜まり、そこで起こるプレート内部の地震もあります。さらに、プレートの沈み込みにより日本列島内部に歪が溜まり、それを解消するために起こる内陸地震もあります。「二〇一八年胆振中東部地震」、「二〇一七年熊本地震」や「二〇〇四年中越地震」、「一九九五年兵庫県南部地震」など近年甚大被害をもたらした地震はこのタイプです。

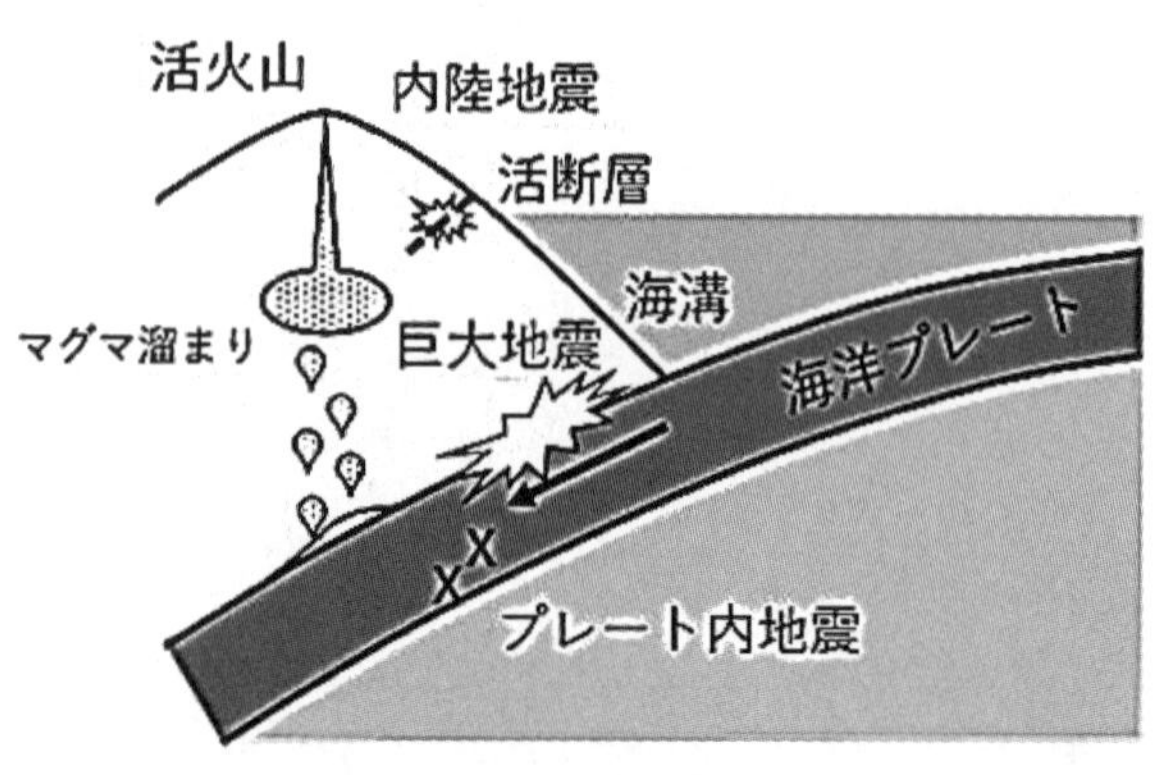

図２−１　海洋プレートの沈み込みに伴い、プレート上面境界で起こる海底巨大地震や、活断層に伴う内陸地震の模式図。プレート上面が100㎞より深くなるとマグマが発生し、それが地殻内を上昇して火山が形成されます。

地震は、プレート境界面や内陸の歪集中帯で形成されている断層面で発生します。プレート境界では、境界面が一様な強度を持つわけではなく、歪に耐えられる場所と、地震を起こさないでずるずるとすべっている場所があることが知られています。したがって、破壊して地震波を発生させる歪を溜める強度の大きい場所を知ることができれば、地震が発生する可能性がある場所の予測に役立ちます。このようなプレート面の不均質を調べる探査を行うこともできます。

口絵2に、東日本大震災を引き起こした東北地方太平洋沖地震の震源域での反射法地震探査（三・二・二参照）の結果を示しました。この地震では、プレート境界面上面の陸側の地層が、海溝側に動くことにより、境界面において強い地震波を発生させました。付加体と記した三角形状の場所に、遠洋の海底で堆積した軟らかい堆積物が沈み込むときにはぎとられ、大陸側の地層に付加されてできた地層です。そこが地震時に大規模に変形して海溝付近の海底面を大きく動かし、巨大な津波を発生させました。陸側の地層は、くさび型状になっていますが、付加体の部分が大きいと巨大な津波を発生させる可能性があります。プレート境界面の大体の位置を破線で示しましたが、実際の反射面は凸凹があり、その境界には小さい断層が何本もあることがわかります。反射法地震探査は、海底下のプレート境界で起こる大地震の震源域の地下の様子を知るのに非常に役立ちます。

被害を起こす大地震は内陸でも発生します。人が住んでいる所の直下で起こるので、地震の規模を示すマグニチュードは小さめでも揺れの強さを示す震度が大きく、被害も大きなものになります。このような内陸地震が起こるのはなぜでしょうか。図2―1に示したように、東日本は太平洋プレートの沈み込みにより圧縮されています。一方、西日本はフィリピン海プレートの沈み込みにより、同様に圧縮されています。この様子は、全地球航法衛星システム（GNSS）により歪速度として観測されています。その歪が溜り、時々地震を起こして歪を解消しているところが断層です。そのうち、現在でも地震を起こす可能性がある断層を活断層といいます。活断層は、過去に何度も動いて地震を発生させたものが多く、いわば地下岩盤の古傷ともいえるところです。内陸地震が起こる場所を調べるためには活断層の位置や活動履歴を調べることが重要です。活断層の調査方法については、二・八・二で詳しく説明します。

二・三　火山の中はどうなっているのか

日本は火山国といわれるくらい火山が多く、おおむね過去一万年以内に噴火した火山および現在活発な噴気活動のある火山（活火山）の数は一一一あります。地球上には約一五〇〇の活動している火山があるといわれており、その約七％が日本にあります。なぜ日本に火山が多いのでしょうか。その原因も日本列島の下にプレートが沈み込んでいるためです。もう一度図2―1を見てください。東北地方では日本海溝（太平洋プレートの沈み込み域）から二〇〇～三〇〇㎞の所に火山がほぼ列島に沿って並び、脊梁山脈を形成しています。その位置に多くの火山が並ぶ理由は、その付近では沈み込んだプレートが一〇〇～一五〇㎞の深さに達し、そこでプレート中に取り込まれている水が吐き出され、その水が地殻の岩石を溶けやすくしてマグマができるからと考えられています。

北海道から千島列島や、伊豆諸島から小笠原諸島にかけても、日本海溝に沿って点々と火山が分布します。また、九州から沖縄諸島にかけても点々と火山が並んでいますが、こちらはフィリピン海プレートの沈み込みによるものです。火山の発生様式としては、このプレート沈み込みに伴うタイプのほかに、ハワイ諸島のように局所的にマントルから地殻を突き抜けて熱いマグマが上昇してくるホットスポットタイプがあります。

火山が噴火すると、溶岩が噴出し麓の集落を壊滅させることがあります。日本でも一九一四年に起こった鹿児島県桜島の大正噴火がありました。このときは三〇億トンの溶岩が流れ出し、海峡が埋められて桜島が大隅半島と陸続きになりました。この噴火では、一万戸以上の家が溶岩や火山灰で埋まり、噴火に伴って発生した地震による被害も含めて五八人が犠牲になりました。

一九九〇年から九五年まで続いた雲仙普賢岳の噴火活動では、山頂付近に形成された溶岩ドームが崩壊して火砕流が発生し、山麓に流下しました。図2―2に一九九一年六月三日に発生した大火砕流で覆われた地域の写真を示しました。溶岩ドームから約5㎞にわたり流下した大火砕流により、麓の村落で二五〇〇棟が被災し、そのようすを取材していた報道関係者など四四人の死者・行方不明者が出ました。火砕流の恐ろしさが広く知られることになる噴火でした。

二〇一四年に起きた御嶽山の噴火は、比較的小規模な水蒸気爆発でした。しかし、噴火時間が紅葉シーズンの週末のお昼頃であり、山頂付近に登山者がたくさんいたために、五八人が噴石の直撃を受けて亡くなりました。噴火のタイミングによっては、小規模噴火でも大惨事につながる可能性があることを示した例です。御嶽山のように、登山者などが集まる火山では、たとえ小噴

図2－2　雲仙火山の噴火中に起こった火砕流。普賢岳山頂付近から水無川一帯が火砕流（白くみえるところ）に覆われました（武智、1994より引用）。

火であっても噴火の予測が重要になります。

そのため気象庁では、五〇の火山については、地震計・傾斜計・空振計・GNSS観測装置・監視カメラ等の火山観測施設を整備し、噴火の前兆を捉えて噴火警報などを的確に発表することにしています。大学などの研究機関や自治体・防災機関からのデータ提供を受けて、火山活動を二四時間体制で常時観測・監視しています。これらの常時観測で火山の活動を監視すると、火山体内で地震が起きたり、あるいは火山体が膨張したり収縮したりすることがわかります。さらに火山体内で何が起こっているのかを推定するためには、震源や膨張収縮を起こす圧力源の場所やその状況を知っておく必要があります。

このような噴火する可能性があり観測が行われている火山の一例として富士山の地下を紹介します。富士山は日本一高く、きれいな円錐状の山体を持つ活火山です。富士山の噴火活動は、約一〇万年前から始まり約五〇〇㎦という大量の溶岩を噴出させて、大きな火山体を形成しました。現在の噴火活動は約一万年前から始まり、私たちが今目にしている山体は三〇〇〇年前までにほぼ形成されました。過去二〇〇〇年間でも、八六八年に始まり北西側に溶岩を噴出した貞観噴火、一七〇七年に爆発的噴火を起こした宝永噴火といった大噴火がありました。宝永噴火では、大量の火山灰が東に流れ、約一〇〇㎞離れた江戸の町でも二~五㎝、最大一〇㎝の火山灰が積もったと記録されています。こんな噴火が現代に起こったら長期間にわたり都市機能が麻痺すると考えられています。宝永噴火のように、山体の側方で噴火が起きると、溶岩や火砕流が麓に短時間で達する可能性もあります。

このような富士山の山体の中はどうなっているのでしょうか。口絵3には、富士山頂を通る北東~南西方向の断面をMT法電磁法探査（三・六・一参照）で測定した比抵抗分布を示しています。山頂直下深さ二〇㎞には、C1と示した顕著な低比抵抗域が見られマグマ溜りと考えられています。富士山では二〇㎞以下にはマグマ溜まりがあり、その直上深さ七~一七㎞の間は、星印で示した多くの低周波地震が起こっていて、高温の揮発性成分を含む超臨界水が循環する領域があると考えられています。R1、R2の高比抵抗領域は沈み込むフィリピン海プレートと考えられています。富士山直下ではそれが見られず、そこにプレートに隙間があるので、大量のマグマが深部から直接供給されていると考えられています。

二・四　防災や減災のために必要な技術

二・四・一　堤防の安全を護る

近年、ゲリラ豪雨といわれるように、局地的な集中豪雨が頻発するようになりました。「平成二三年七月新潟・福島豪雨」では六河川の一一箇所で堤防が決壊し、死者一六名、行方不明者四名、家屋全壊七〇棟、半壊五三五四棟という甚大な被害がありました。二〇一二年七月九州北部豪雨では「これまでに経験したことがない」と表現された大雨に見舞われ、これ以来「経験したことがない」という言葉が頻繁にきかれるようになるほど社会的な影響が大きかった災害です。このときは矢部川が五〇mにわたって決壊し、甚大な被害をもたらしました。

その後、近年でも「二〇一七年九州北部豪雨」、二〇一八年の「平成三〇年七月豪雨」、二〇一九年の「台風一九号」、二〇二〇年の「令和二年七月豪雨」など、堤防決壊は毎年のように起こっています。二〇一九年の台風一九号では千曲川が決壊し、北陸新幹線の線路や車両が水没した映像や、令和二年七月豪雨のときは球磨川の氾濫による市街地の惨状など衝撃的な映像を覚えている方も多いと思います。

このような災害が発生するたびに、被害を受けなかった他の堤防は大丈夫か調べたいという相談が物理探査を実施している専門家にも寄せられることになり、私たちも忙しくなります。

一九四七年九月に発生し、関東地方や東北地方に大きな災害をもたらしたカスリーン台風のときは、複数箇所の堤防が決壊し、東京の下町が広範囲にわたって水没するなど大きな被害もありました。それがきっかけとなり、以降ダム・堤防・水門などの施設が整備され、広範囲の洪水被害は少なくなっています。しかし、ゲリラ豪雨といわれる局地的な集中豪雨は、設計時に想定された水位や水量を上回ることがあり、堤防を破壊することにつながるのです。ダムや水門などは、比較的新しく、人工的に建造したものですから、内部の構造や強度などはよくわかっているはずです。しかし、堤防の場合は必ずしも内部の構造がわかっているわけではありません。その理由は、堤防が歴史的な構造物でもあるからです。

河川はもともと自然に流れ、その経路も時間とともに変化します。しかし、それでは住民には都合が悪いため、土を盛って堤防を築造したのです。昔に作られた堤防の上に、少しずつ嵩上げしていき、現在では高さが一〇mを超えるような大規模な堤防になっている所もあります。近畿地方などでは、豊臣秀吉が作ったと伝わっている堤防があちらこちらにありますし、関東でも江戸幕府が作った堤防が数多くあります。一例として、大阪府の淀川の堤防のかさ上げの履歴の例を図2―3に示します。このような古い堤防の場合、堤防の盛土層が砂のように水を通しやすいのか、粘土のように水を通しにくいのか、あるいは締まった硬い土なのか、あまり締まっていない緩い土なのか、そういうことがよくわかっていないことがかなり多いのです。堤防の中を知ることは、堤防を護るためには重要な情報です。

それらの情報を得るためにボーリング調査を行います。堤防内部の土を取り出し、試験をすることで、土の状態は把握できます。しかし、ボーリング調査は直径六~一〇㎝程度の小さい孔から得られる情報だけです。長大な堤防をこのような方法で全て調べるには限界があります。そこで物理探査の出番となります。堤防を作っている土が緩いか締まっているかを調べるには、地震波速度で調べます。緩ければ地震波速度が遅くなり、締まっていれば速くなります。ここでよく使われるのは、長大な堤防を効率よく探査できる表面波探査です（三・二・三参照）。堤防の上に一直線に地震計を並べ、ハンマーで叩くと、表面波といわれる地震波が取得できます。表面波の伝わり方を解析すると、堤防内部のS波速度分布が得られます。この地震波の速度分布から堤防の硬さ・軟らかさを推定することができます。砂のように水を通しやすいのか、粘土のように水を通しにくいのかといった性質を調べることも重要で、これには比抵抗法電気探査を使います。砂は電流を流しにくく高比抵抗になり、粘土

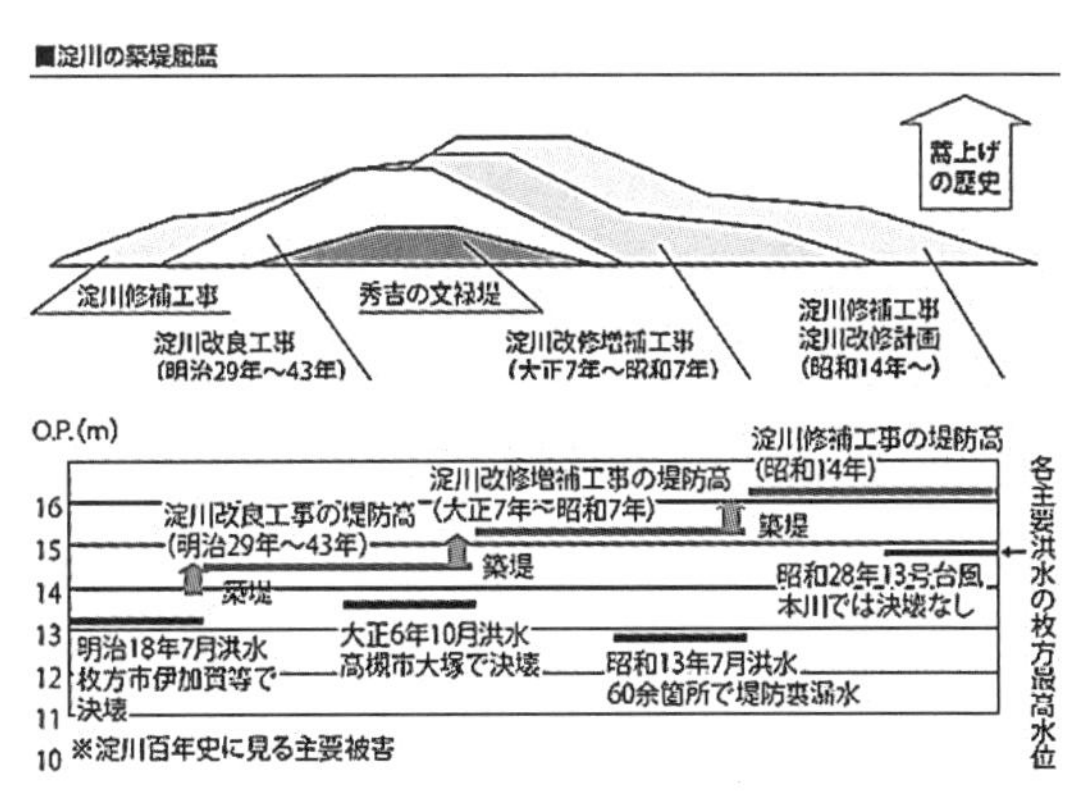

図2－3　大阪府にある淀川堤防の築堤履歴（国土交通省淀川河川事務所HPより引用）。16世紀に豊臣秀吉による築堤以来、大きな水害のたびに堤防はかさ上げされてきました。堤防は歴史的建造物であることが分かります。

は電流を流しやすいため低比抵抗になるので、砂なのか粘土なのかがわかるのです。

口絵4に堤防上で行った表面波探査と比抵抗法電気探査（三・五・一参照）の結果を示します。堤防の上の平坦な場所の縦断方向に測線を設けて探査を行います。上の段は表面波探査の結果で、S波速度分布で表しています。速度分布図で黄色の領域はS波速度が周囲に比べて低く、また、比抵抗分布図で黄色の領域は比抵抗が高い領域であり、このような領域は砂が多いところと考えられます。このような所は水が浸透しやすく、水が浸み込むと、くっついていた砂粒同士の結合力が低下します。地震時に液状化の危険性もあります。この二つの結果を統合して評価すると、一番下の安全性評価の断面図を描くことができます。低速度領域と高比抵抗領域が見られる所は、安全性の低い領域で、安全評価では危険領域として赤く示されています。この領域は、かつて川河が合流していた地点で、緩い砂で埋め立てられていることがボーリング調査で確認されています。

以上のように、地震波速度と比抵抗という二つの物性を用いて堤防の安全性を断面で評価することにより、効率的に堤防強化が必要な場所を選定することができます。ボーリング調査だけでは、このような断面を描くことはできません。物理探査は堤防のような長大な構造物に対して、とても有効な方法であるといえます。

二・四・二　地すべりの危険性を検知する

二〇〇八年に「平成二〇年岩手・宮城内陸地震」が発生しました。岩手県内陸部を震源とするマグニチュード七・二、最大震度六強という大きな地震でした。強い揺れが発生した所が幸い都市部ではなかったため、建物への被害は比較的少なかったのですが、山地で土砂災害が多く発生しました。中でも宮城県栗原市にある荒砥沢ダム周辺の地すべりにより、六七〇〇万㎥の多量の土塊が大きく移動しました。この量は、東京ドームの容積がおよそ一二四万㎥ですから、その五四杯分という想像を絶する量になります。すべった部分の幅は九〇〇m、長さ一三〇〇m、すべり面の深さは最大で一二七m、すべった土塊の移動距離は三〇〇mという、非常に規模の大きい地すべりです。この地すべりのすべり面の傾斜は〇度から二度と、非常に緩いのですが、地震発生後三〜五分という短い時間に一気に土塊が移動しました。この移動速度は時速四〜一〇㎞でした。これは徒歩ないし自転車程度の速度ですが、判断を誤れば逃げ遅れる可能性があります。

一九八五年には長野県の地附山において幅約四五〇m、長さ約三五〇mにわたって地すべりが発生しました。移動した土砂は五〇〇万㎥（東京ドーム四杯分）といわれています。荒砥沢の地すべりと比べると、規模は小さいのですが、大きな被害が出ました。道路は寸断され、その後復旧が断念されるほどのダメージでした。さらに、老人福祉施設が土砂に飲み込まれ、多数の尊い命が奪われました。この災害の起きた場所は地すべり対策工事が行われ、災害のメモリアルパークとして再生されました。今では当時の災害の教訓を伝える場所となっています。

わが国は、平地が少なく国土の七割以上が山地です。最近は、日本列島を襲う強力な台風や梅雨時の大雨が原因で、大規模な斜面の崩壊が起きています。これは、斜面の表面から雨水が地下に流れ込み、軟らかい地層とその下の硬い層との間に溜まり、上にある軟らかい層がすべることによって発生します。斜面崩壊の予測の方法として、崩壊する可能性のある特徴的な地形分析があります。しかし、それだけでは不十分で、地下の状態を物理探査により調べておくと、斜面崩壊などの潜在的危険性を推定することが可能になります。

さらに、地すべり災害から人命や社会資本を守るためには、地すべりを防止するための対策工事が必要です。しかし、これらの工事を行うには風化して粘土化した岩盤の深さや、移動する土塊の幅などを知らなければなりません。地すべりを進行させないためには、地下水がどこにあるかも重要です。地下水を逃がしてやることで、地すべりの進行を食い止めることができます。このようなことを調べるにはボーリング調査が有効ですが、地すべりの範囲が広くなるとボーリング調査だけでは把握しきれません。これは河川堤防の場合と同様です。また、地すべりの下面の形状は、地表の形と同じとは限らず、地すべり土塊の下面形状を把握する必要があります。そのため屈折法地震探査（三・二・一参照）や比抵抗法電気探査（三・五・一参照）が使われます。前者は岩盤の硬さを、後者は地下水の位置を把握することができます。

口絵5に、地すべり地での比抵抗法電気探査により得られた比抵抗分布の例を示します。表層のL1層は二〇〇Ωm以上の比抵抗を示し、そこは地下水が少ない未固結の地層です。その下のL2層は五〇Ωm以下の低比抵抗で風化が進んでおり、この下部に地すべりのすべり面がありま す。さらに深い所に分布するL3層は二〇〇Ωm以上の比抵抗を示し、そこは硬質な岩盤層であることを示しています。推定断層のところでは周囲に比べ低比抵抗であり、地下水が多いところと考えられています。

口絵6には、地すべり地が多い山地で行われた空中電磁探査（三・六・四参照）の結果を示しました。この図は、約五㎞四方にわたる地域における探査結果で、周波数一四〇㎑の電磁波を用いて測定され、地下約一〇mくらいまでの深さの比抵抗分布を表しています。中央部の寒色系の色で示した領域は、低比抵抗域であり崩壊土砂が堆積した場所です。一方、暖系色で示された高比抵抗域は、滑落崖や非崩壊斜面の亀裂が多い基盤岩の分布に対応しています。斜面中腹から下部の比抵抗が特に低い場所においては、粘土分を含む崩壊土砂や複数の箇所で湧水が確認されており、地すべり危険区域と考えられています。危険区域の抽出には、立ち入り困難な山地を含めて広い地域を探査しなければならないので、空中電磁法はこのような場合に適した方法です。

地すべりの中には、深層崩壊といわれている数十mに及ぶ深い所までの地盤がすべる現象があります。すべる土塊の量も多く、被害が広くかつ甚大になることもあります。深層崩壊は、断層破砕帯に雨水が浸透することにより発生する場合もあります。そのような浸透経路を探すために、乾燥期と大雨の後の出水期の二回にわたって比抵抗法電気探査を行うと、水が浸透するところでは出水期に比抵抗が大きく低下します。深層崩壊が起こる可能性の高い場所の抽出についても比抵抗法電気探査の適用が有効です。

二・四・三　インフラ施設を点検する

インフラとは、インフラストラクチャー（Infrastructure）の略称で、社会の基盤となる公共の福祉のために建設された施設です。たとえば、道路、鉄道、上下水道、電気、電話網、通信網、あるいは学校、病院、湾港やダムのことです。物理探査は、インフラ構造物内部の非破壊試験法としても利用することができます。日本では、一九六〇年代の高度経済成長期から高規格な道路、鉄道さらには水害から生活を守る堤防などが急速に整備されてきました。それらが造られてから五〇年以上が経ち、老朽化が目立つようになってきました。道路の陥没、トンネルの崩壊、河川堤防の破壊などが実際に発生しています。これらの構造物の傷みは表面から見えることもありますが、内部から劣化が進んでいることも少なくありません。これらの構造物は非常に長大であり、いままでは、目視観察や構造物に細い孔を開けて内部を調べるボーリング調査が行われてきました。しかし、全体をくまなく検査することはなかなか難しいことでした。近年、こういった長大構造物を連続的に探査し、全体的な検査を行う方法が提案されています。ますます老朽化が進む中、非破壊の全体試験法としての物理探査に期待が高まっています。

二〇一二年一二月、中央高速道路笹子トンネルにおいて、天井板の崩落事故が起きました。この事故により九名の尊い命が失われました。事故の原因は、天井板を支えるボルトないしそれを支える接着剤の老朽化が原因と考えられています。橋梁の老朽化による落橋事故も報告されています。米国ミネソタ州ミネアポリスで起きた落橋事故では、六〇台の自動車が川に転落しました。このような社会インフラ施設は、築造後三〇年から四〇年を経過すると、急速に老朽化が進行します。そうなる前に老朽化を検知し対策をとれば、安全性の向上だけでなく、施設全体の維持管理費用も低減できるといわれています。

このような社会インフラ施設の老朽化を事故の発生前に調べる方法として、高周波数の電波を使った探査法である地中レーダー（三・七参照）が使われます。この方法は、地下や構造物に電波を放射して、内部に伝わった電波が、異物や空洞で跳ね返る性質を利用します。これによりコンクリート内部の空洞や鉄筋の位置を探し、老朽化の診断や補修計画のために利用します。

一例として、都市部で特に深刻になっている下水管の老朽化の問題を説明します。老朽化によって下水管にひびが入り、その隙間に土の粒子が吸い込まれます。その結果、地中に空洞ができ、それが地表面近くまで及ぶと陥没を引き起こします。このような陥没は地表面に甚大な被害をもたらします。東京都心部においても一九八〇年代後半からこのような陥没が問題となりました。東京都内は特に下水管の総延長が長いため、陥没事故事例の数も多くなっています。しかし、地方都市においても陥没事故は起きていて、このような陥没事故は国内の至る所で年々増えています。

陥没事故を未然に防ぐためには、下水管周辺で空洞が発生した直後に、空洞がまだ地表に到達しない段階で見つけることが必要です。老朽化した下水管そのものを取り替える場合、対象とする下水管やそれ以外の埋設管の位置を知る必要があります。もちろん掘って調べて済む場合もあります。しかし、実際には、古くて図面が残っていない、道路の形状が拡幅などにより敷設時とは異なっていて元の位置がわからない、都市部では埋設管が混雑していていきなり掘ったのでは他の埋設管を傷つける可能性がある、などの理由により地面を掘ることなく埋設管の探査ができる技術が必要となります。

このような空洞や埋設管を見つける場合にも地中レーダーが活躍します。口絵7に、地中レーダーによる空洞の探査事例を示しました。同図（a）は探査結果の解釈図で空洞が三か所あることが予測されています。同図（b）は地中レーダーによる反射面の記録です。図にに三つの空洞による凸状山型の反射面の並びが明瞭に見えます。それぞれの山型の頂部において、穴を掘ると同図（c）、（d）、（e）のように空洞が確認されました。道路は河川堤防と同様に長大ですから、効率良く地下を調べる方法が必要です。最近は、時速四〇㎞程度で走行しながら、道路の下の空洞を調べる探査車も開発されています。このような探査車を用いると、車線規制の必要もなく、かつ交通に支障を来すことなく、安全に空洞を調べることができます。このように社会インフラ施設の維持・管理を行うためにも非破壊的な物理探査が重要な役割を果たしています。

二・四・四　液状化を予測する

一九六四年に新潟地震が発生しました。この地震によって新潟市内に建っていた集合住宅が大きく傾きました。教科書や参考書にも掲載されているので、覚えている方もいると思います。我が国では、このとき初めて地盤の液状化が大きな問題となりました。その後も大地震のたびに液状化が問題となりました。兵庫県南部地震や新潟中越地震でも液状化は発生しました。東北地方太平洋沖地震の際には、震源域から遠く離れた千葉県や東京都の湾岸エリアでも大規模な液状化が発生し、住宅は傾き、マンホールが地面から飛び出すなど、生活に支障が出ました。図２―４

にマンホール浮上による下水道損傷の例を示します。

このような液状化を引き起こす地層の性質はある程度わかっています。それは地下水位が高くて砂の層がある場合です。地形的にも特徴があり、砂丘や河口の三角州あるいは埋め立て地、水田や昔は川や沼だった所などです。このような場所には、砂が溜まりやすく、地下水位が高いことが多いのです。一般的には海の近くで液状化が発生すると思われていますが、内陸の河川や湖沼の近くでも発生することがあります。

あらかじめ住民に注意を促すため、自治体からは液状化の予測図が公開されていますが、このような図はどのように作るのでしょうか。そのためには、地盤の締まり具合と地下水位を把握することが重要となります。地盤の締まり具合は、ボーリング調査のときに実施される標準貫入試験により測定される

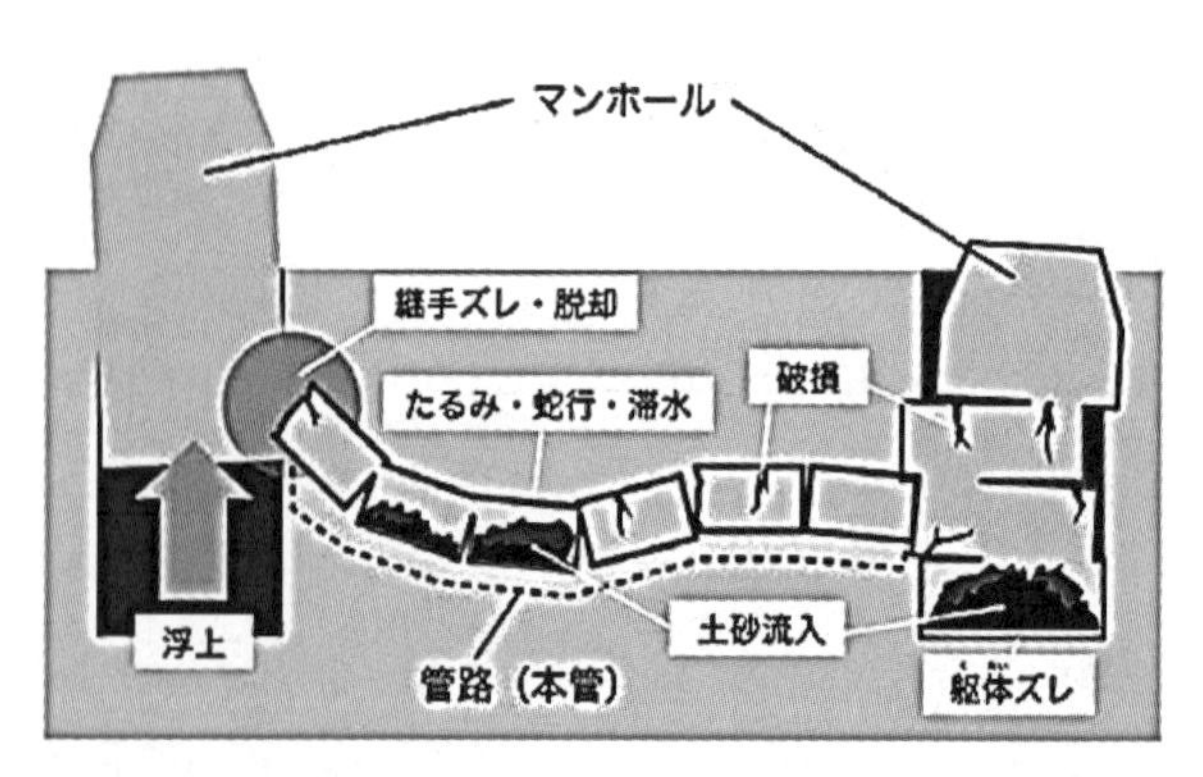

図２－４　液状化によりマンホールが浮上し、下水道を損傷した例（本間、2010より引用）。

N値という地盤の硬さを表す指標が使われます。N値とS波速度との間には良い相関関係があるので、S波速度からN値を推定することができます。S波速度は表面波探査（三・二・三参照）や微動探査（三・二・四参照）により求めることができます。地下水の分布状況については比抵抗法電気探査（三・五・一参照）を用いることにより推定します。砂の層が液状化を起こしますが、ある決まった範囲の大きさの粒の砂が液状化を引き起こします。このような特徴を生かして、表面波探査と比抵抗法電気探査の結果を複合して解析すると、砂粒の大きさと地下水の量がある程度わかります。これにより液状化の範囲が推定できる可能性があります。将来はこの方法を使って、液状化の予測がさらに正確になると期待されます。

口絵8に、海岸近くの滑走路の下の液状化危険度を物理探査により調べた例を示します。この調査では、比抵抗法電気探査による比抵抗分布と微動探査によるS波速度分布の二つの物理探査結果と、ボーリング調査で得られる土質試料のデータを用いて、河川堤防のときと同様に、統合解析をしました。中央付近の赤色の領域は、S波速度が低く比抵抗が高いので液状化の可能性が大きいところと判定されています。左側と右側に見られる青色の領域は液状化の可能性が小さい領域です。このような結果を利用して、地震時に液状化を引き起こす危険性を示す液状化危険度図を作成することができます。

液状化の可能性がわかったら、対策工事を行うことにより液状化のリスクを大幅に低減させることができます。液状化対策工事には、地盤を締め固める、セメントや薬液で固める、鋼鉄の板を地盤に打ち込んで地盤が変形しないようにする、井戸を掘って地下水位を低下させるなどの方法があります。

二・四・五　地雷や不発弾を探知する

太平洋戦争中に旧日本軍により製造されたり、米軍によって投下された爆弾は、現在でも不発弾として工事現場などから発見されています。二〇一三年三月には、京浜東北線の線路際で不発弾が発見されました。同六月には処理を行うために東北・上越・長野新幹線も止まるなど、約九万人に影響が出ました。大都市や戦争の激しかった沖縄などでは、今でも不発弾の脅威にさらされています。軍港のあった所では、海中からも多数の機雷や不発弾が今でも見つかっています。紛争のあった地域では、地下数㎝にある地雷や不発弾などは、表面からはわからないため、一般の人が誤って踏んでしまう事故が多発しています。

このような不発弾や機雷などは、外側が鉄製のケースで覆われています。鉄は、製造時に帯びた磁気や地球磁場の影響で帯びた磁化により、周囲では磁気異常が観測できます。そのため、磁気を感じるセンサーを近づけると応答します。このような条件に適している探査には、磁気探査

（三・四参照）があります。磁気探査は陸上で行うだけでなく、海中やボーリング孔の中でも使えます。過去に爆撃や軍需工場があった場所では、このような磁気探査を行って不発弾を探し事故を未然に防いでいます。

近年は非金属のプラスチック爆弾なども存在します。そのため、地中レーダー（三・七参照）などの磁気探査以外の探査手法を応用して探査が行われています。口絵9に、金属探知器と地中レーダーを組み合わせて、地雷を検出した事例を示します。上と下の図は両方とも平面図で、同じ範囲を示しています。両図の縦軸、横軸とも㎜単位で測った距離で表示され、ある深さの水平断面での応答の強さを表しています。図（1）は金属探知器の結果で、地雷による異常は正（赤色）と負（青色）の対になって現れていて地雷はそれら中間にあります。図（2）は地中レーダーの結果です。地中レーダーでは電磁波の反射を用います。図の中央に反射の強い、赤色領域が現れていて、その中央に地雷があることを示しています。このように二つの異なる方法を組み合わせて、精度良く地雷や不発弾を見つけることができ、尊い人命を守るために貢献することができます。

二・五　地球環境を正しく評価する

二・五・一　地下水を探る

水が豊富な日本に住んでいると、普段は水資源のことをあまり意識しないように感じます。飲料水は河川から採られることもありますが、地下水もよく利用されています。地下水を探り当てることにも物理探査が利用されています。よく用いられる方法が比抵抗法電気探査（三・五・一参照）です。地下水があり透水性のよい地層では間隙が多くて周囲の締まった層よりも比抵抗が低く、その分布を調べることにより地下水を探ることができます。一方、地下水の少ない難透水性のシルト層や粘土層はより比抵抗が低くなることもあり注意が必要です。最終的には、十分な水の確保ができるかどうかはボーリング調査をして実際に掘って確認することが必要です。しかし、広い土地で多くのボーリング調査を行うことは、費用も手間も大変多くかかります。したがって、広い地域を短時間で調査できる比抵抗法電気探査が用いられます。図2―5に比抵抗法電気探査により、山裾から平地に広がる扇状地での帯水層の分布を調べた例を示します。ここでは、帯水層は比抵抗三五〇～一〇〇〇Ωmの砂礫層中に分布しており、三五〇Ωm以下の比抵抗値を示す、帯水層より上部に分布するロームやシルト混じり砂礫層や帯水層の下部の凝灰岩層は、地下水が少ない難透水層です。

また、比抵抗法電気探査は地下水流路を調べる探査にも使うことができます。口絵10には、砂防堰堤の基礎地盤からの漏水を調べた例を示します。同図は堰堤の下流側の流路沿いの比抵抗分布を示しています。この地域では、高比抵抗を示す古生層の岩盤の上に河川堆積物が分布しています。ここでは、比抵抗八〇〇Ωm以下の低比抵抗域が、高水位の時に低水位の時に比べ顕著に比抵抗が低下するので、地下水の流動が活発な層と考えられます。

海岸近くの地下水の塩水化も環境問題として注目されています。従来から、海岸平野での持続的な地下水の利用については、その塩水化が問題となっていました。沿岸地域では、淡水の地下水が海に向けて流出し、その下を海水が海から陸側に向けてくさび状に浸入する領域（塩水楔）の

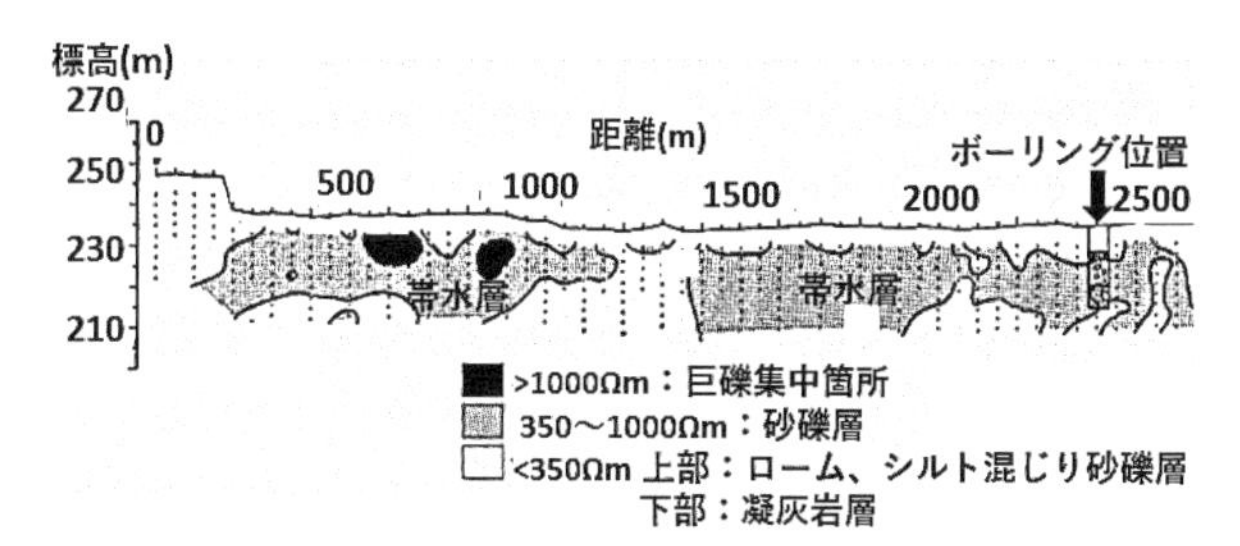

図２−５　比抵抗法電気探査による地下水の分布。帯水層は砂礫層中に分布している（小前・竹内、1987を改変）。350Ωm以下のローム層やシルト層は地下水が少ない難透水層です。

存在が知られています。過剰に地下水を汲み上げると、井戸水や農業用水の塩水化が発生します。地下水の状況を把握することは飲料水の確保だけでなく、環境問題や放射性廃棄物の安全な管理にも必要であり、電気探査や電磁探査が利用されています。

二・五・二　二酸化炭素の地中貯留状況を調べる

地球温暖化が全地球的課題になり、その主な原因は、二酸化炭素（CO_2）が大気中に増加しているためという説が有力です。CO_2は、人間や動物からも排出され、石炭や石油を燃やしたときにも大量に排出されます。豊かな生活を持続するためには、地球温暖化をこれ以上進ませないためにCO_2の放出量削減は避けられません。CO_2の放出量を減少させるために、光合成によりCO_2を吸収する植物を増やすなどの努力がなされていますが、それでもなかなか減少しません。そこで現在、研究されているのはCO_2を直接地下に封じ込める技術です。ただし、せっかく地中に封じ込めたCO_2が地中の亀裂などを通って地表に噴出したら元も子もありません。そのようにならないためにも、十分な地質調査を行ってCO_2が漏れないような地層を探すことが必要になります。さらに、封入したCO_2がきちんと封入され続けていることを確認することも重要です。

それを調べるために物理探査が使われており、その一つとして地下の地震波速度の変化を調べる方法があります。一般的に液体と気体とでは地震波速度が異なり、気体中を通過する地震波速度は、液体や固体よりも小さくなります。したがって、地中にCO_2を封入したときに、その場所の地震波速度を測ることによりCO_2の封入範囲を知ることができます。つまり、観測した地震波速度が封入前にくらべて小さくなっていれば、その場所にCO_2が封入されたことが確認できます。さらに、定期的に観測して、封入した部分の地震波速度が小さいままであればCO_2は安定して封入されていることが確認できます。

図2―6は、ヨーロッパ大陸の北にある北海地域における反射法地震探査（三・二・二参照）の事例です。ここでは天然ガスから分離したCO_2を、ガス田の上部の塩水性帯水層に圧入しています。地層は、海底下八〇〇～一〇〇〇mに位置する未固結の砂層であり、その上部には厚い頁岩あるいは粘土層が分布していて、ガスの散逸を防いでいます。ここでは、毎年一〇〇万トン規模で圧入が行われています。一般的に、貯留層内にCO_2を圧入すると、地震波速度が減少します。このため、CO_2を含む貯留層の反射強度が大きくなります。図2―6ではCO_2圧入後に反射波の強い領域が現れています。さらに、CO_2圧入量の増加に伴って、そのような領域が徐々に大きくなっている様子も確認できます。貯留層の上にガスを通しにくい層が分布しているため、貯留している層の外へCO_2が移動していないことも確認できます。

二・五・三　産業廃棄物を安全に管理する

人間生活に伴う廃棄物は焼却や埋め立てなどで処分されてきました。近年では、リサイクル技術の発達によりゴミの量を減らすことができるようになってきましたが、このようなゴミを捨てる場所をどこかに確保する必要があります。全国には多くの廃棄物処分場が建設されています。廃棄物処分場に処分されたゴミは環境に影響を与えるような物質が漏れ出さないように厳しく管理する必要があります。

廃棄物の問題は、正規に埋め立てられたものだけではありません。一九八〇年代、

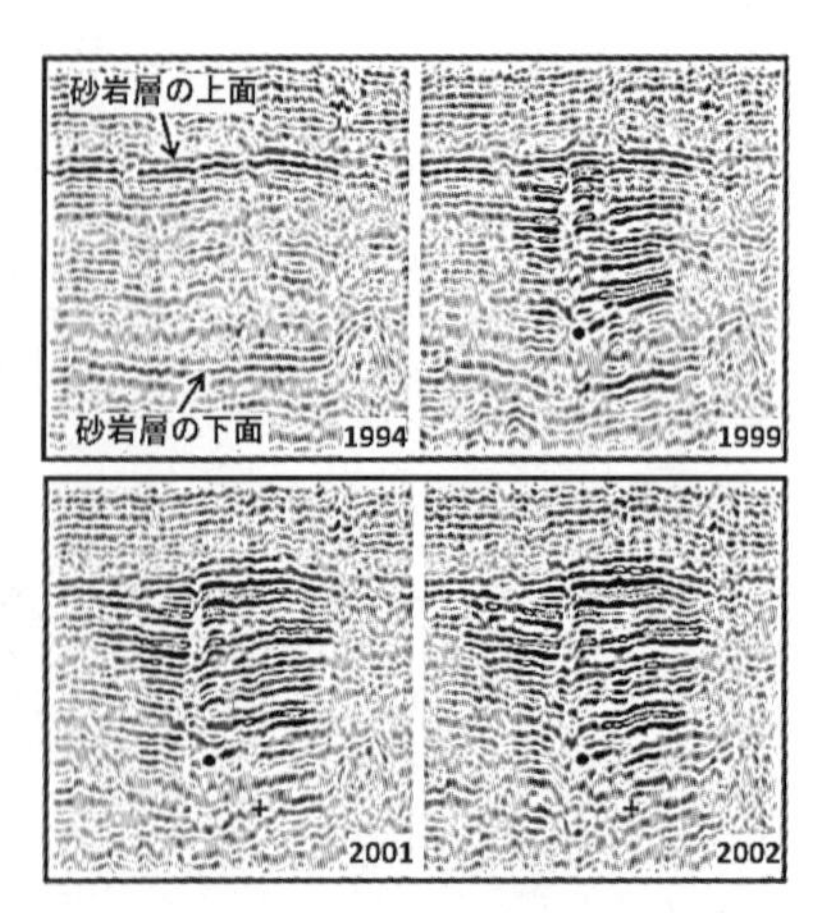

図2－6　CO_2圧入による反射強度の変化（Arts, R et al. 2002に加筆）。1994年以降年々反射面が明瞭になり、地下に封じ込められているCO_2ガスが多くなっている様子が見られます。

香川県土庄町豊島の西端に島の産廃処理業者が廃材・廃油・ダイオキシンを含む汚泥などを不法投棄し、土壌・水質汚染が深刻化した事件がありました。投棄推定量は、国内最大級の計約六六万八千トンに及びました。一九九八年には岩手・青森県境において、推定八二万㎥という膨大な産業廃棄物の不法投棄が発覚しました。不法に埋め立てられた廃棄物の量は、地表の観察や地形などからある程度は推定できますが、これを正確に把握することはなかなか難しいのです。そこで掘らなくても地下を調べることができる物理探査の出番となります。たとえば、鉄をはじめとする金属や、ある種の薬品などは電気をよく通します。それを調べることができれば、廃棄物の範囲を特定できます。

口絵11にループ・ループ法電磁探査（三・六・二参照）により得られた電気伝導度（比抵抗の逆数）分布から産廃埋め立て範囲の検出を行った例を示します。産廃は左側の境をコンクリート壁で区切られ、底は遮水シートとコンクリート板で仕切られており、その中に高電気伝導度（低比抵抗）の産廃が埋め立てられている様子がわかります。

一般的に廃棄物処分場には、水を通さないゴム製などの遮水シートを敷いて、汚染物質が外部に流出しない構造となっています。しかし、このような人工構造物は時間とともに劣化します。遮水シートに穴が開いて、そこから廃棄物で汚染された水が漏れたら、いち早く修復しなければなりません。既に廃棄物が貯蔵されている処分場に敷設されている遮水シートの状況はどのようにして探るのでしょうか。ここでも一つの方法として、比抵抗法電気探査が使われます。予め遮水シートの下に一定間隔で電極を取り付けておきます。もし、遮水シートのどこかで穴が開いて汚染水が漏れるようなことがあると、その付近の比抵抗が変化しますので漏れを検知ができます。どこにも異常がなければ、地盤の比抵抗は、廃棄物処分場の建設前と変わりはありません。

この他にも埋設農薬という問題があります。一九七一年に農林水産省が有機塩素系農薬（BHC・DDT・アルドリン・ディルドリン及びエンドリン）を周辺に漏洩しない方法により埋設処理を行うことを決めました。こうして埋設された農薬を「埋設農薬」と呼んでいます。埋設農薬はドラム缶などに入れられて、地下数メートルの深さに埋設されました。しかし、この方法は国際的に不適切とされたため、今後はこれらを掘り出して無害化処理する必要があります。しかし、埋設当時から月日が経ち、道路幅や形状、あるいは地形の改変など地表の状況が大きく変わりました。そのため、正確な位置がわからないという問題が出てきました。埋設した深さが正確にわからないと、重機の掘削では、埋設農薬の入った容器を破損する可能性もあります。そのため埋設した深さや位置を掘削する前に知っておく必要があります。そこで、ループ・ループ法電磁探査や地中レーダー（三・七参照）といった方法を用いて探査が行われ、成果が上がっています。

二・五・四　放射性廃棄物を安全に処分する

原子力発電所で使用された核燃料は、使用後には高レベル放射性廃棄物、いわゆる核のゴミとして安全に処分する必要があります。また、再処理工場では使用済み核燃料の中から有用なウランとプルトニウムを取り出して、再び核燃料として再利用するなど、繰り返して利用できるようにする技術の開発も行われています。

それでも最終的に核のゴミはどうしても発生してしまいます。核のゴミが他のゴミと違うところは、そこから放出される放射線が半減するまで数万年以上という長い時間がかかることです。その間に人体に危険が及ばない安全な所に隔離して、長期間貯蔵しなければなりません。現時点で、最も有力と考えられているのは地層処分といわれる地中深くに核のゴミを貯蔵することです。三〇〇mよりも深い所で何重もの防御（バリア）を施した施設の中で数万年以上も貯蔵することが研究されています。

しかし、わが国においては、二〇二一年現在も放射性廃棄物処分場施設は建設されていません。数万年以上も安定した場所で貯蔵しなければならないため、貯蔵する地層が地殻変動や地震などで破壊されてはいけません。放射性物質が外部に漏出することがないように、できるだけ亀裂がない地層や、水などを通しにくい地層である必要があります。海外では、二〇世紀後半から各国でさまざまな試行が繰り返されています。海水が海底下の地中に閉じ込められてできた岩塩、海底や湖沼底などに堆積した泥が固まって岩石となった泥岩、あるいは、地中のマグマが地下深くにおいて冷え固まった花崗岩など、比較的硬くて安定した地層が選ばれています。世界に目を向けると、フィンランドのオンカロでは、既に放射性廃棄物処分場が建設されています。その地下の様子を図2—7に示します。オンカロ処分場では、地下約五〇〇mの深さに高レベル放射性廃棄物を埋設し、約一〇万年間にわたって管理して、閉じ込めておく計画になっています。

そのような貯蔵場所を選定するためには、十分な地質調査が必要となります。その方法としては、地質技術者が実際に建設候補となる所を綿密に歩いて地表から観察を行う地表踏査、地面に孔を掘って地下深い所の岩や土を採取して調査するボーリング調査、そして物理探査があります。調査目的としては、最終処分を行おうとする地層およびその周辺の地層が安定していることを確認し、地下に貯蔵設備を設けるのにあたって地下の掘削に支障がないこと、地下水の水流等が地下施設に悪影響を及ぼす恐れが少ないと見込まれること、などを入念に確認することが必要です。

日本は、諸外国と比較して地質構造が複雑です。そのため、周辺の地層が安定していることを確認するためには、単純に地質構造を明らかにするだけではなく、地下三〇〇mよりも深い場所において、

①周辺を含めた地層の変動履歴とその将来予測
②岩石の種類とその性質
③活断層や破砕帯など地質学的弱部の有無
④地下水の流動の有無やその量

などを確認することが必要です。

物理探査もこのような地質調査の手法として大いに期待されています。これまでの調査技術をさらに高精度化し、三次元的な評価や、地層の物理的性質の把握、さらに三次元の時間変化を把握する四次元探査に向けた開発が行われています。

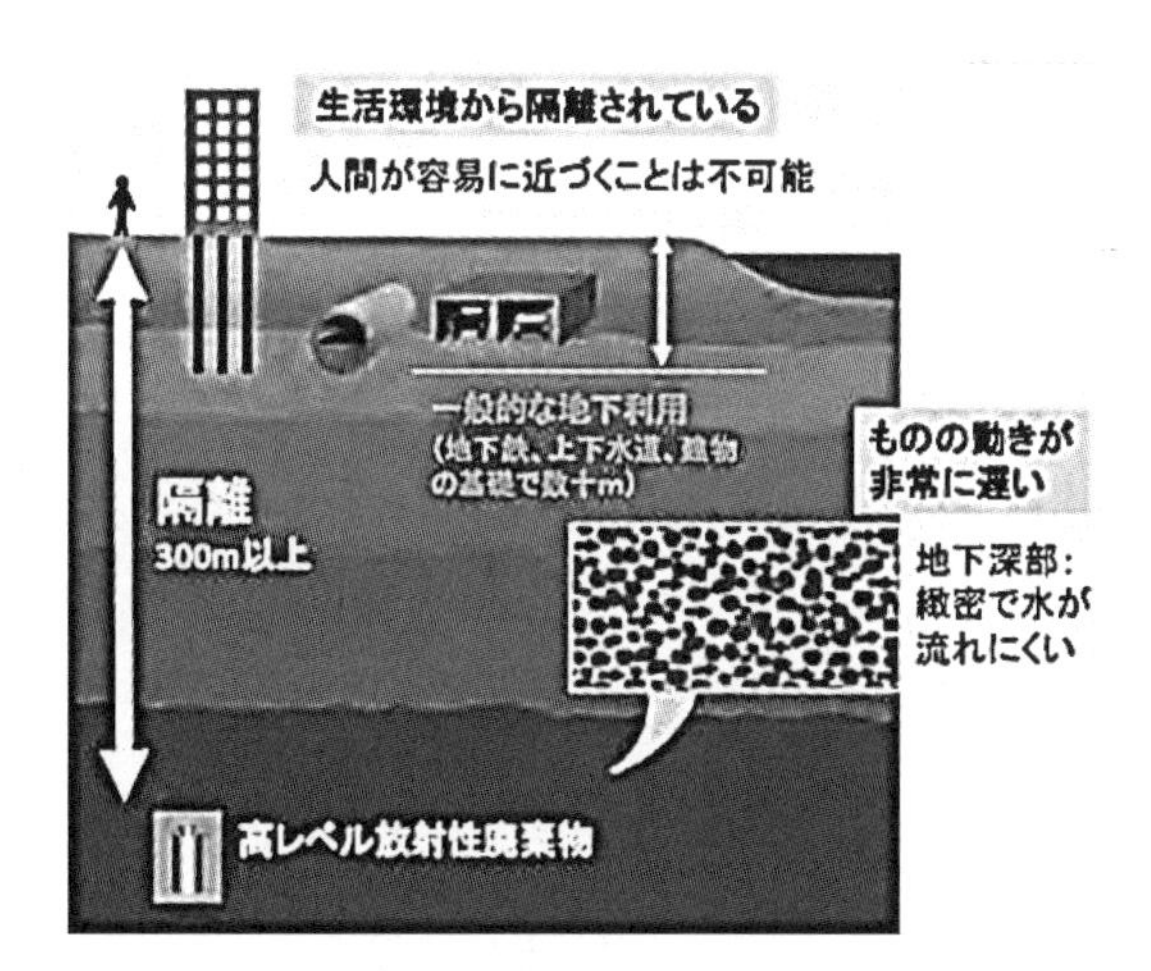

図2－7　オンカロの地下の様子（田村、2017より引用）。オンカロ処分場では、地下約500mの深さに高レベル放射性廃棄物を埋設し、約10万年間にわたって管理して、閉じ込めておく計画になっています。

二・六　インフラを整備する

二・六・一　ダムの基礎を評価する

わが国は急峻な地形が広く分布し、梅雨期と台風期に豪雨が集中する厳しい自然条件にあります。したがって、大雨が降ると河川に水が一気に流れ出し洪水をもたらします。一方、日照りが続けば川の水が少なくなり水不足となって、生活や経済活動に大きな影響を与えます。洪水を防止し、水が豊富なときに水を貯めて水不足のときに補給するダムの建設は、重要な治水方法の一つです。渇水期には水を放流し、下流の田畑を潤すことにより農耕が行われます。昔からダムと同じような機能を果たす、ため池が利用されてきました。四季の豊かな日本にとっては有効な治水方法です。さらに、水を貯めて飲み水の水源として使うことも重要な役割です。

ダムに水を貯めて必要なときに放水し、水車を回して発電する水力発電は、昭和時代の前半には、日本の主力発電方式でした。原子力や大型火力発電が主力電源となった以降も、揚水式発電所が造られるようになりました。揚水式とは山の高い所と低いところに二つのダムを建設し、夜間の余剰電力で上のダム湖に水を汲み上げ（揚水）、昼間の電力消費ピーク時に放水して発電する方式です。水力発電は、自然エネルギーを利用して全く二酸化炭素を出さないクリーンなエネルギー源です。しかし、河川を堰き止めて広範囲な貯水池を造るので、村が水没して多くの人が移住を迫られたり、自然環境に大きな影響を及ぼしたりする可能性もあるので、建設が社会問題になることもあります。

ダムを造るには、堅固な岩盤の上に堤体を築く必要があります。したがって、基礎となる岩盤について強度の低い所はないか、水が漏れ出すような亀裂がないか、くまなく詳細に調べる必要があります。岩盤の強度は地震波速度と良い相関があるので、その分布を調べるために屈折法地震探査（三・二・一参照）が主として適用されます。図2—8には、ダムサイトでの屈折法地震探査により得られたP波速度分布を示

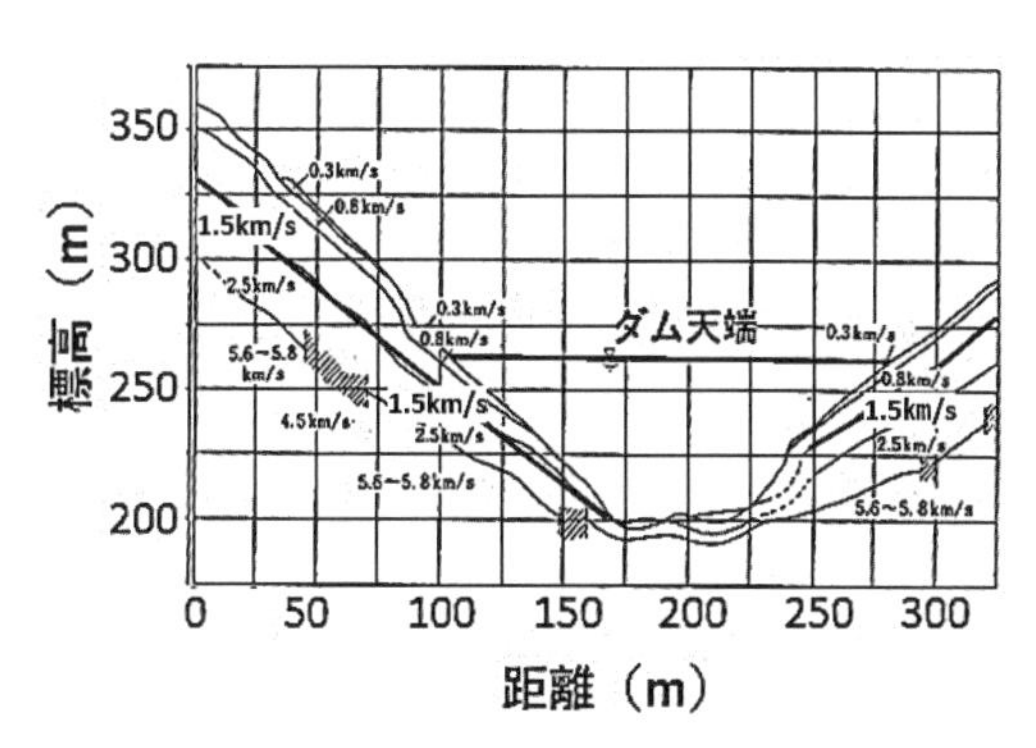

図２－８　ダムサイトでのＰ波速度分布（土木学会1986より引用）。ダムの建設工事では、地震波速度の小さい岩盤（ここでは、太線で示される速度1.5km/sより上にある未固結層）は取り除かれ、強固な岩盤の上にダムの堤体が造られることになります。

しました。この結果は、岩盤の評価に利用され、ダム工事の計画に役立つことになります。ダムの建設工事では、地震波速度の小さい岩盤（ここでは、速度一・五㎞／秒以下の未固結層）は取り除かれ、強固な岩盤の上にダムの堤体が造られることになります。さらに岩盤の強度を参考にしてダムの形式を検討することにも利用されます。

ダムの形式は、アーチダム、重力式コンクリートダム、ロックフィルダムに大別されます。アーチダムは強固な岩盤に建設され、堤体の材料も少なくて済みます。ロックフィルダムは多少岩盤が弱くても建設できますが、材料が多く必要になります。重力式コンクリートダムはその中間です。ダムの建設工事ではできるだけコストを下げなくてはなりませんので、ダムの形式をどのようにするかが最大の検討事項で、物理探査はその基礎的な資料を得ることに用いられています。

二・六・二　トンネルを安全に掘る

日本は山が多いため、道路や鉄道を通すには、山の中にトンネルを掘らなければなりません。昔は山を越えるために急カーブが続くつづら折りの道が使われていました。そのような急勾配の峠道は、トンネルを掘ってできるだけ真っすぐな道にすることにより短時間で安全に移動できるようになりました。高速道路や新幹線では、できるだけカーブを少なくして高速で車や列車を走らせるために長さ一〇㎞を超えるような長大トンネルが掘削されています。トンネルは、掘削するルートが決まると、トンネル通過位置における岩盤の強度や地下水が大量に湧出する可能性がある断層の存在を調べる必要があります。長大トンネルになると地下数百ｍの深さを通過することもあります。

岩盤の強度は、地震波速度を基本にして、ボーリングで得られた試料の観察、強度試験や地質調査の結果も加味して、強度の大きい順にＡ・Ｂ・Ｃ・Ｄの地山等級がつけられます。地山等級により、トンネルを掘削する方法を詳細に設計します。したがって、この等級はトンネル工事にとって重要な情報となります。

図２―９に示したような地震波速度の分布はまさにこのような目的に利用されます。同図を見ると、右側からトンネルを掘削したときは表面付近から強固な岩盤なので比較的安全に掘削できます。しかし、左側からトンネルを掘削すると低速度の弱い岩盤に遭遇し、崩落する危険があります。その場合は強固な岩盤の所まで固めたり、別のもので支えたりしないと安全に掘ることができません。地震波速度の分布はトンネル掘削工事のやり方を決めるだけでなく、安全に掘るためにも必要なのです。

地下水の湧出する可能性のある断層がトンネルのルート上にある場合、断層によって破砕された部分に水みちや断層粘土などができます。そのような場所は突発湧水や崩落などの危険性があります。水みちや断層粘土は、岩盤より低い比抵抗を示します。したがって、そのような場所を検出するために、電気探査(三・五参照)や電磁探査(三・六参照)が適用されることもあります。

二・六・三　地下空間を利用する

平地が狭いわが国では、地表に建物や施設を建設するには制限があり、地下空間をうまく利用することが重要です。二〇〇一年に「大深度地下の公共的使用に関する特別措置法」(いわゆる大深度地下使用法)が施行さ

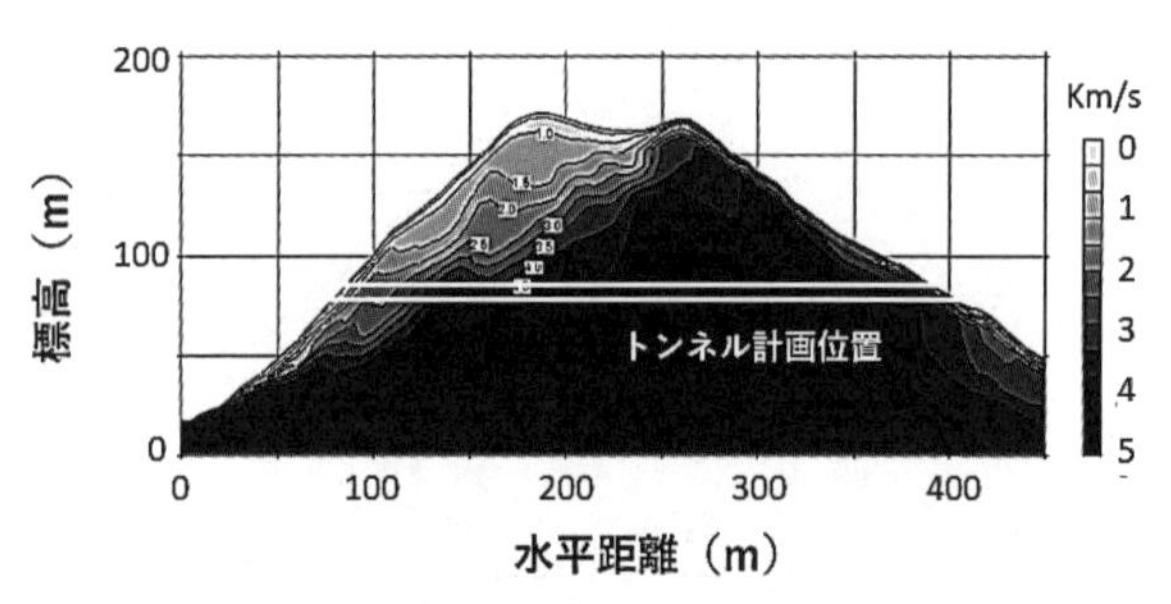

図2－9　ダムやトンネル建設時に行われた屈折法地震探査結果例(物理探査学会、2008bより引用)。図を見ると、右側からトンネルを掘削したときは表面付近から高速度の強固な岩盤なので比較的安全に掘削できます。しかし、左側は低速度域で掘削すると崩れる可能性があります。左側を掘削するときは崩落を防ぐ対策工事が必要なことがわかります。

れ、三大都市圏（首都圏・近畿圏・中部圏）の一部区域では、通常は使われない深さ四〇m以深（または支持基盤上面の一〇m下）において、公共目的使用の場合に限って使用権が自由に設定できるようになりました。そのため、地下空間利用をより容易に行うことができるようになりましたが、地下を利用するには、地下の状態を調べる必要があります。

地下を利用する際に、大きな問題になるのが地下水です。周りに地下水のある場所では、その水圧に耐える設計が必要ですし、排水設備を作ることも必要です。深部になればなるほど地下水の問題は深刻で、よく調べてから構造物を設計する必要があります。さらに、都市部の地下の浅い場所では、地下鉄や多くの埋設管（水道管・ガス管・電力ケーブルなど）があり、掘削する場所にも制約があります。物理探査はこのような地下空間利用のために、さまざまな探査手法を組み合わせ、地下空間利用という豊かなフロンティアの安全な利用が可能となります。

二・七　資源はどこにあるのか

二・七・一　身の回りにある地下資源

地下は、私たちの文明を支える地下資源を供給してくれる宝の山です。最も古い地下資源利用は鉱物資源です。約四万年前の旧石器時代にすでに利用されていたといわれており、約一万年前から始まった農業生産よりも長い歴史があると考えられています。古代では崖などの地表に現れた、地層の断面に見える岩石や鉱物の変質などの兆候を頼りに、地下資源開発が行われたと考えられます。

古くから金・銀・銅・鉄・鉛・亜鉛などの金属鉱物は地下から採掘されていました。その金属を含む鉱物が地下で濃集されている場所は限られており、地球上に偏在しています。日本はかつて金・銀・銅などを生産していました。しかし、近年ほとんどの鉱山は閉山となり、現在では操業中の鉱山は数えるほどになってしまいました。日本の金属資源はほとんど輸入に頼っていて、海外の鉱山と協力して安定供給を図っているのが現状です。

エネルギー資源に目を向けてみると、石油や天然ガスなどの燃料資源も日本には少なく、ほとんどは輸入されています。これまで海外では石油や天然ガスについての多くの探査が行われてきました。最近はシェールオイルやシェールガスなど、これまでになかった資源（非在来型資源）も採算性が向上し、これらの開発も進むと予測されます。そのため、これらの新しい資源の探鉱に向けた探査技術の開発も今後の課題です。

私たちの身の回りを見てみると「地下と関係のないものは存在しない」といってよいほどです。地下資源から得られるものについて、いくつか例を挙げてみます。

○ガソリン↓石油から精製
○パソコン↓半導体や液晶は、レアアース・レアメタルが原料
○ペットボトル↓石油が原料
○水↓地下水（淡水のうち地下水が表層の水より圧倒的に多い）
○携帯電話↓レアアース・レアメタルが原料（特にバッテリーには不可欠）
○塩↓地層の中の岩塩が原料
○ガラス↓珪砂が原料
○化粧品↓高級品は天然の粘土鉱物が原料
○原子炉核燃料↓ウランが原料
○鉄↓鉄鉱石を製錬
○コンクリート↓石灰石と砂・砂利が原料
○アルミニウム↓アルミニウム鉱石（ボーキサイト）が原料

このように、改めて身の回りの物の大元を探っていくと必ずといっていいほど地下にたどり着きます。地下から恩恵を受けていない物はほとんどないといってもいい過ぎではなく、文明の発

展は、地下資源に依存してきた面が少なくありません。

二・七・二　石油や天然ガスを探す

今日、石油・天然ガスは私たちの生活には必要不可欠な資源であり、さまざまな燃料や工業製品の原材料として、世界の人口の増加や経済活動の発展に伴って、その需要は増加の一途をたどってきました。石油や天然ガスがないと、飛行機は飛べなくなり、火力発電所で電気を作ることができません。ほとんどのプラスチック加工製品も作ることができなくなります。

石油や天然ガスはどこにでも存在するものではなく、採取できる所は限られています。そのうえ比較的簡単に採取できる場所は、既にほとんどが発見されています。未発見の大規模な石油や天然ガスの存在場所は、険しい山地の地下数千m以上の深い所や、水深一五〇〇mを超える深海の海底面下のように、簡単にはアプローチできない場所が多くなっています。

石油・天然ガスが採取できる場所の多くは、主に砂や泥が溜まってできた堆積岩の地層が凸状に盛り上がった背斜構造と呼ばれる形状をした地層がある場所です（図2―10）。石油・天然ガスは、水に比べて軽いため、この上に凸になった地質構造の頂部に集まっています。

石油・天然ガスは、地中に空洞があってプールの水が溜まっているように存在しているわけではなく、砂岩や石灰岩など比較的間隙の多い岩石の粒子間の隙間に、地下水と一緒に存在しています。このような場所を油ガス田といいます。油ガス田には、このほかに断層により地層が不連続になった所に石油・天然ガスが溜まった場所もあります。こうした石油・天然ガスを含んだ地層のほとんどは、地下一〇〇〇～四〇〇〇mの深さに位置します。近年では、より深い場所に存在する油ガス田も次々と発見されています。

地下深い油ガス田をどのように見つけるのでしょうか。通常は、次のような調査を実施して、総合的に検討することによって、油・ガスを探りあてます。

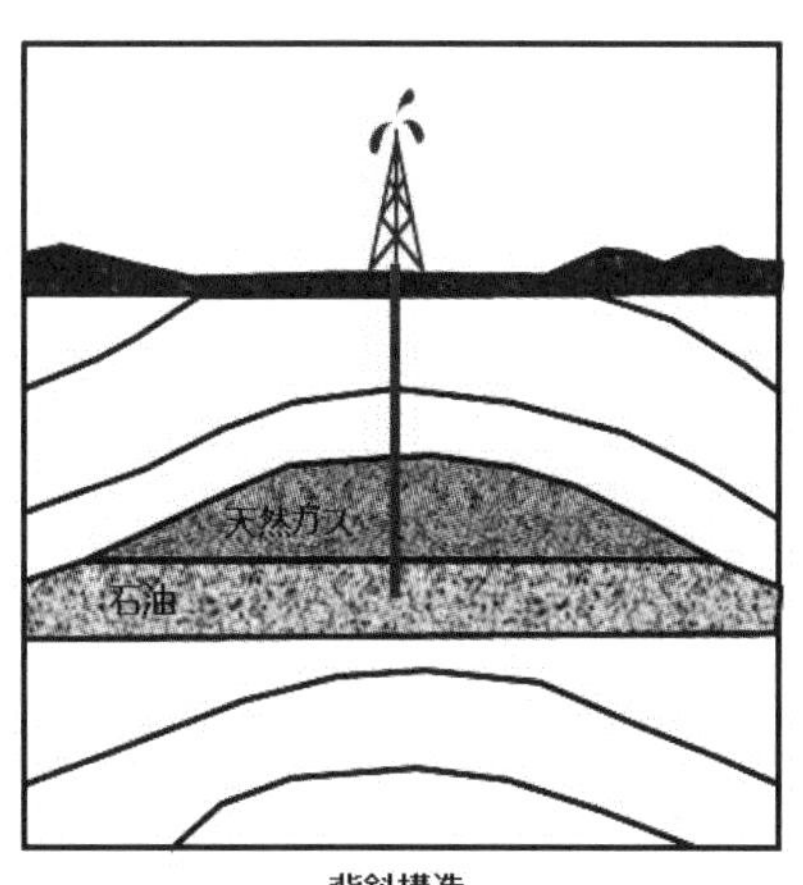

図２－10　背斜構造に形成される油ガス田の模式図。石油・天然ガスは、水に比べて軽いため、この上に凸になった地質構造の頂部に集まっています。

①地質学的方法：地表の地質調査により地質構造や岩石とそれに含まれる化石を調べ、その生成年代を決める。
②地球物理学的手法：重力探査（三・三参照）や磁気探査（三・四参照）を行って概略的な地質構造を調べ、反射法地震探査（三・二・二参照）によって詳しい地質構造を探る。
③地球化学的方法：土壌中の油やガスなど微量炭化水素の検出、岩石中の有機物・ガスなどの有無やその量を調査する。
④ボーリング調査：地下に小口径の孔を開けて岩石試料を採取し、地層の積み重なりの順序や堆積物の形状などを直接調べる。

このうち地球物理学的手法の一部が物理探査です。直接目に見えない地下深部の地質構造を把握するために必要不可欠な調査方法です。近年の石油・天然ガス探査において、地中から石油やガスを取り出すためのボーリング孔を、どこに掘ったらよいかを決定する上で、地質構造は情報としては最も需要です。

口絵12は、反射法地震探査により得られた三次元の地質構造です。全体は立方体をしていますが、内部が見えるように一部を切り取っています。垂直あるいは少し湾曲した色のついた太い線はボーリング孔です。反射法地震探査は地震波が地層の境界面で反射する性質を利用しています。

その反射波の強さに応じて色をつけています。石油・天然ガスが存在する可能性の高い地層中の間隙が多い部分が、口絵12では濃い赤色で示され、この地点に向かってボーリングが実施されています。

最近では普通に行われる三次元反射法地震探査は、石油・天然ガスの探鉱に革命的な変化を起こし、調査機器やデータ解析技術の進歩に伴い、世界中のさまざまな場所で実施されています。三次元反射法地震探査の出現によって、リスクの多い探鉱において発見確率が飛躍的に向上しました。地質構造を三次元的に把握することが可能となるため、有望地域をピンポイントで決定することができるようになりました。最近の反射法地震探査の技術開発の進歩は著しく、反射波の強度を解析して、岩石の種類をある程度特定することができ、石油・天然ガスそのものの分布状況を推定することもできるようになりました。

石油や天然ガスの生産が始まるとボーリングのデータも取得できます。さらにボーリング孔にさまざまなセンサーを入れて、ボーリング孔周辺の物理的な性質を調べることができますから、それらのデータを総合的に解析して、より詳細な石油や天然ガスの存在とその状況を知ることができます。したがって、同じような探査結果が得られた所では石油や天然ガスの存在確率が高いと判断できますから発見する確率も向上します。

石油・天然ガス貯留層を対象とした物理探査は、その存在している場所を見つけ出すだけではありません。油田・ガス田として開発されたあと、最大の利益が得られるように地層中の油・ガスの状態を正確に把握し、生産を適切にコントロールすることにも寄与することができます。油・ガスの生産量や生産に伴う圧力変化の情報とともに、三次元反射法地震探査を繰り返し実施し、油・ガス層一帯の反射波の強度変化の情報を捉えることができます。これにより油・ガスの状態の変化までも把握するモニタリングが可能です。このような手法は、石油や天然ガスの生産現場以外にも、二酸化炭素地中貯留事業でも用いられています。

地下数千mの深部に存在している石油・天然ガスを見つけ出し、その生産を適切にコントロールしていくために物理探査、とりわけ反射法地震探査は無くてはならない技術です。より複雑な地質構造、より深い地層の中に眠っている石油・天然ガスを見つけ出すために物理探査の調査技術・調査機器・データ解析技術は日々進化し続けています。

二・七・三　金属資源を探査する

近年、経済成長が目覚ましい中国をはじめとしたBRICs諸国（ブラジル・ロシア・インド・中国・南アフリカ）の台頭に加えて、東南アジアなどの新興国も産業が急成長しています。それに伴って、世界の金属需要が増大し、価格も高騰しています。埋蔵量・産出量が多く、精錬が簡単な金属である鉄・銅・亜鉛・すず・アルミニウムなどのベースメタルや貴金属である金だけでなく、鉄鋼製品に含まれているニッケルやモリブデン、携帯電話の液晶画面に使われるインジウムなどのレアメタル（ニッケル・バナジウム・パラジウム・白金・マンガン・ロジウムなどの希少金属）の需要も増加しています。さらに、地球温暖化を抑制するための低炭素化社会・循環型社会を実現するための自動車や家庭向けの二次電池の利用増大が高まっています。それらに使われるリチウム・ニッケル・コバルトなどの需要急増も見込まれます。さらに、販売台数が伸びている次世代自動車（ハイブリッット車や電気自動車）に欠かせない高性能磁石についても、それに使われるネオジム・ジスプロシウムといったレアアース（三一種類あるレアメタルの一部で、一七種類の希土類元素）を安定的に確保する必要があります。

近年、金属資源の探査では、さまざまな金属を対象に、これまでにない巨額の探査費用が投じられています。探査が簡単な場所はほとんど調べ尽くされ、新しく発見される金属資源の鉱床は、よりアクセスが困難な深い地中に限られ、鉱床発見の難易度は高くなる一方です。そのため、ボーリング孔を掘らなくても金属鉱床がありそうな位置を調査することができる物理探査の役割や期待はますます大きくなっています。

特定の金属元素やそれらの化合物が特に濃集した場所を金属鉱床といいます。たとえば、地殻の銅の平均含有量は約五五ｐｐｍ（岩石重量の〇・〇〇五五％）ですが、これが約九〇倍に濃集する（岩石重量の約〇・五％）と銅鉱床と呼ばれます。金属鉱床の形成は地球の進化と深く関わっています。さまざまな時代にさまざまな地域で、マグマ活動や地殻変動などの地質構造の変化に伴い鉱床が形成されました。金属鉱床の種類は多種多様で、銅・亜鉛・金などの金属元素の種類やその成因、あるいは存在している形態（脈状・塊状・層状など）によっていくつかのタイプに分類されます。

たとえば、熱水鉱床地域では、マグマから分離した水や、マグマで熱せられて周囲の岩石の成分や金属が溶け込んだ熱水が分布します。金属鉱床には、鉱床の形成に関与した鉱液の移動経路の可能性がある断層、金属元素の供給源になった火成岩、熱水活動を生じさせた火成岩、熱水活動の痕跡として粘土化した変質帯などが分布するので、それらの地質構造が探査の対象となります。図2―11はこのように形成された北海道豊羽鉱山の地下の様子を示したものです。

鉱床を形成している地質構造もさまざまな種類があり、その形状も複雑です。そのため、金属資源の探査においては、目的とする金属資源の元素が調査地域において、どのような地質環境でどのように形成されたのかを想定することが必要となります。これを鉱床モデルの設定といいます。想定した鉱床モデルを念頭において探査を進め、鉱山として開発できる有望地域を絞り込んでいくのが金属資源探査の手順です。

金属資源の探査は、大まかに調べる概略探査からある程度絞り込んだ広域探査、さらに細かく詳細に調べる精密探査へと段階的に進められます。概略探査では地質構造を大きなスケールで金属鉱床の存在可能性を調査し、金属鉱床の存在が期待できる地域を選定します。広域調査では、概略探査で選定された広域について、土壌に含まれる微量元素などの化学分析を行う地化学探査や物理探査により鉱床が存在する可能性がある地域を絞り込みます。さらに、精密探査では絞り込まれた地区において物理探査を高密度に実施します。最終的にはボーリング調査により金属鉱床の有無を確認します。金属鉱床の存在が確認されると、その広がりや金属の含有量を調べるために追加のボーリング孔を掘削し、金属資源の鉱山として開発が可

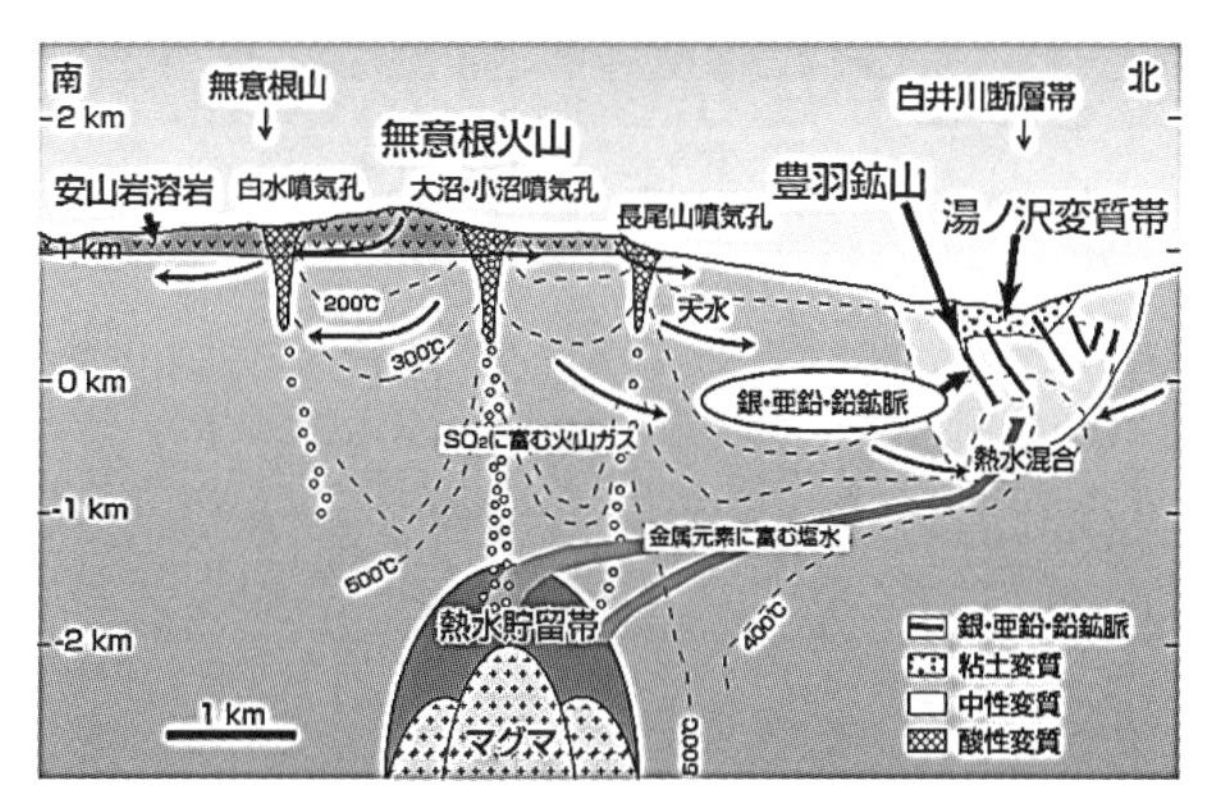

図２－11　火山に伴う金属鉱床の例（北海道豊羽鉱山）（渡辺、2004より引用）。鉱床の深部にはマグマにより熱せられて、周囲の岩石の成分や金属が溶け込んだ金属元素に富む塩水が分布します。それが浅部に移動して、鉱脈や粘土化した変質帯などが形成されます。

能であるかを判断します。

　概略探査では、まず、測線の間隔が数百mから数㎞の空中磁気探査（三・四参照）や空中電磁探査（三・六・四参照）が行われます。また、地表調査として、測点間隔が数百m程度の重力探査（三・三参照）や磁気探査（三・四参照）が用いられます。磁気探査や重力探査のデータを用いて、金属鉱床の形成に関与した可能性がある火成岩の分布、大規模な断層の位置、金属鉱床がありそうな地層の分布などの地質構造を解析し、金属鉱床賦存の有望地域を選定します。磁気探査では、磁性の強い岩石による磁気強度が大きい所を探します。重力探査では、調査範囲に設定した各測定地点で重力計を用いて重力値を測定します。地下に密度の大きい岩石が存在すると重力値が周囲の測定地点に比べて大きくなります。金属鉱床は一般的に電気を流しやすい性質を持っています。これらは、空中電磁探査、地表での電磁探査あるいは電気探査などの物理探査を実施することにより、その場所を探します。広域調査の段階では、地下の比抵抗を得るために過渡応答電磁法（TEM法、三・六・三参照）がよく用いられます。

　以上のようなさまざまな物理探査の結果を基にして、広域調査では地質調査や地化学探査の結果と合わせて有望地域を絞り込みます。有望地域を絞り込むと精密調査の段階となります。精密調査では、測線間隔が数十mの地上磁気探査・比抵抗法電気探査・地上での電磁探査を行います。精密調査の後半には、金属鉱床の広がりや金属量を推定するため、主にボーリング調査を行います。ボーリング孔間の地質状況を調査するために、ボーリング孔を利用した物理探査が行われる場合もあります。

口絵13は、オーストラリアの小規模な銅鉱床で行ったTEM法によって得られた比抵抗分布断面です。この探査では、磁場を計測する超伝導磁力計（SQUID）を使った測定システムが用いられました。同図中の直線は、ボーリング孔の位置を示し、そこから左右に伸びる棒グラフは、左側が鉄の品位分析結果、右側が銅の分析結果を示しています。品位分析とは、ボーリング調査によりそれぞれの深さで採取された棒状の試料に含まれる鉄や銅の含有量を分析したものです。比抵抗解析断面の中央から深部にかけて低比抵抗が広く分布し、銅や鉄の濃集部を反映していると解釈されます。特に、右側のボーリング孔（MN10と書かれている）における分析結果では、低比抵抗の範囲において多量の鉄と銅が含まれていることが見てとれます。地表から深さ二〇〇m程度までは、頁岩などの比抵抗が非常に低い地層が分布しています。従来のTEM法では、深部に分布する銅鉱床を精度良く調査することができませんでした。しかし、最新鋭の超電導磁力計を用いたTEM法では、深部に存在する銅鉱床を確実に探査することができました。

二・七・四　地熱資源を求めて

二〇一一年の福島第一原子力発電所の事故以降、原子力利用の賛否についての議論が盛んになり、原子力発電の将来についての見通しは不透明になりました。そこで、再生可能エネルギー資源として地熱が注目されるようになってきました。

地球上のどの場所でも地面を深く掘り進んでいくと、地表面に比べ温度が上がります。地球誕生の頃から内部に蓄積された熱と地下の岩石に含まれる放射性物質の崩壊による発熱とが地下温度上昇の源と考えられています。火山の周辺では、高温のマグマが浅い所まで上昇し、その周囲にはマグマ近傍の高温域で温められた高温の水や蒸気が地下の亀裂に貯留されている所がありま す。地中の温度の上がり方（温度勾配）は、地球上の平均的な値としては三〇℃／㎞程度ですが、地熱地域では一〇〇℃／㎞といった高い温度勾配を示す所もあります。

地熱資源の特徴としては、国内の地下から供給される純国産エネルギーであり、地球温暖化に関わる二酸化炭素排出量が少ないことが挙げられます。ひとたび発電を始めれば二四時間三六五日、一定出力で安定的に発電できるためベース電源となり得えます。同じ自然エネルギーである太陽光や風力発電に比べても設備利用率が高いため、同じ発電出力でも他の自然エネルギーに比べて年間の発電電力量は大きくなります。一方、地下資源であるため貯留層の全貌を知ることは困難であり、たとえば、地熱発電所でも運転を開始してしばらくたたないと発電量が安定しないという不確実さが問題となることもあります。

地熱資源は、大規模な発電所に利用するだけでなく、地域のためのエネルギーとして、有効に使うことができます。二〇〇℃を超えるような高温・高圧の流体が汲み上げられれば、地熱発電が可能です。低温の地熱流体が得られた場合でも、七〇℃以上であればバイナリー発電が可能です。バイナリー発電は水より沸点の低い媒質を使って発電する方式です。七〇℃以下の温度の熱水や、発電で使い終わった温水でも、浴用・地域暖房・養殖やハウス栽培など農林水産業に利用することが可能です。

地熱を利用するためには、地下に温められた熱水や蒸気が溜まっている地熱貯留層を探し、そこから地熱流体を汲み上げる必要があります。地熱資源から採れるエネルギーは、汲み上げられる地熱流体の量、地表に汲み上げられたときの温度・圧力で決まります。地熱貯留層が形成される条件として、火山の地下深部に高温の熱源があり、それに温められて熱水が溜まった間隙の多い貯留層が形成され、さらに、貯留層を冷やさないようにその上部に熱や水の通りにくいキャップロック層の存在が必要です。この様子を図2―12に示します。このような地熱貯留層が形成される条件は、現在噴火を繰り返している新しい火山よりは、過去に噴火活動があり、現在はすでに活動が止まっている、やや古い火山（活動時期が一〇万年から五〇万年前くらいの火山）の方が適しています。

現在、発電が行われている地熱地域では、深部の硬い基盤岩の上に乗っている火山岩類の中に形成されている貯留層から汲んだ熱水や蒸気を使っています。これらの熱水のほとんどは、地表から浸み

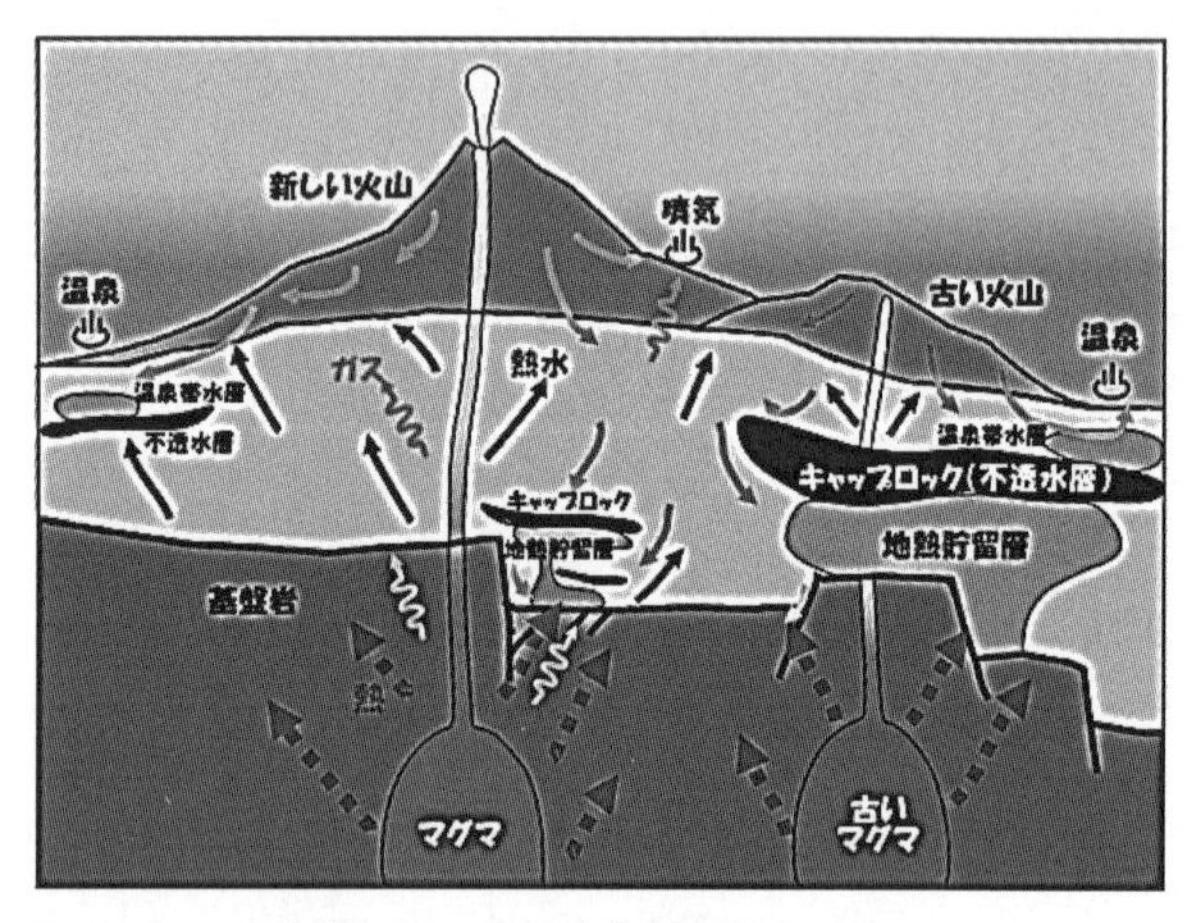

図２－12　火山周辺での地熱貯留層の形成（高倉、2014より引用）。地熱貯留層が形成される条件として、火山の地下深部にマグマなど高温の熱源があり、それに温められて熱水が溜まった間隙の多い地層、さらにその地熱貯留層を冷やさないように熱や水の通りにくいキャップロック層の存在が必要です。このような地熱貯留層が形成される条件は、現在噴火を繰り返している新しい火山よりは、過去に噴火活動があり、現在はすでに活動が止まっているやや古い火山（活動が10万年から50万年前くらいの火山）の方が適しています。

込んだ過去の天水が温められたものです。近年は、もっと深部にある高温の岩体やマグマ周辺部に分布する高温の流体を採取し、従来以上の大規模な発電に利用することをめざす研究も進んでいます。

地熱貯留層の分布を調べるには、まず、概査として数百㎢位の範囲の地域を対象とした地質調査や物理探査、ボーリングが行われます。その結果を基に、数十㎢位の範囲の有望地域を選び、そこでさらに詳細な同様の調査が行われます。調査手法としては、地上から観察される地形データや地表付近の地質データ、人工衛星によって観測されるさまざまな画像データが用いられます。また、地表に現れる地熱兆候を探す手段として、地表面から出ている熱による赤外線強度を航空機や人工衛星を使って測定することにより、局所的な熱源を捉える方法があります。この方法は、近づくことが困難な場所で探査するのに有効です。地表近くの地温分布を測る地温探査や、数十m～数百mのボーリング孔を掘削し、地温や深さ方向の地温の変化を精密に調べることにより、地下の熱源の位置を探ることができます。特に、地温探査は温泉資源の調査に多く用いられています。

地熱探査では、重力探査（三・三参照）により、断層や褶曲に伴った地層の凸凹、密度の大きな火山岩の貫入に伴う局所的な重力の違いを調べます。重力探査では、重力を測定する場所の位置や高度が正確にわかっている必要があります。近年、高精度で位置を測定できるＧＮＳＳ機器の発達のおかげで、地熱資源の大部分を占める山岳地域においても効率よく測定ができるようになりました。

岩石の比抵抗は、それに含まれる水の量、化学物質の濃度、温度によって違いがあるので、電気探査や電磁探査が地熱調査にはよく使われます。比抵抗が低い場所では、地層中の微細な隙間にある間隙水の中に、電気を流す元となる塩分が溶け込んでいます。そのような間隙水の比抵抗は温度が上昇すると低くなることが知られています。したがって、比抵抗の低い場所は、熱水が多く存在している可能性が高いのです。また、地表近くに形成される熱水で変質し、粘土化した層も低比抵抗を示します。この層は、透水性が低くキャップロックに相当しています。

地熱貯留層が存在する地下一～三㎞の深さを探査する方法として、MT法電磁探査（三・六・一参照）がよく用いられます。探査装置が小型・軽量で容易に持ち運びできるため、山の中の調査にも向いています。口絵14には、MT法による調査を広範囲に実施して得られた地下の比抵抗構造を示しました。MT法により取得された地表での電場と磁場から求められるインピーダンスと位相差を用いて三次元インバージョンを行うと、同図上のような立体的な比抵抗構造が得られます。そこから必要な断面（A—A′断面）を取り出すと同図下のような断面比抵抗構造が得られます。この図では、表層に非常に低い比抵抗を示すキャップロック層が分布し、その下にやや低比抵抗な貯留層がある様子が示されています。貯留層の中にフィードポイントと呼ばれる熱水をくみ上げている地点が分布しています。岩石が持つ磁気の強さを調べる磁気探査（三・四参照）によっても地熱に関わる構造を推定することができます。地熱地域の表層には広範囲に熱水により変質した岩石が分布しており、そこでは岩石の磁化が失われて低磁気異常になります。また、岩石に含まれる強い磁化を持つ鉱物は、高温になると磁化を失うという性質があり、磁化している地下岩体の下限深度から地下の高温部の構造を推定します。

石油の探査によく使われている反射法地震探査（三・二・二参照）も地熱探査に適用することができます。反射面として地層の境界の連続性が示されるので、それが途切れる位置により熱水の循環経路となる断層の位置などが詳細にわかります。ただし、反射法は起伏の大きい山の中は一般に作業が困難であり、地層の連続性が悪い火山岩地域では解析が難しいといった問題点もあります。探査費用が他の手法より高くなるため、地熱探査に用いられることはまだ少ないようです。高精度に地下の地質構造を知るためには、いくつかある物理探査の手法を組み合わせて実施し、それぞれの探査手法から推定される特徴を総合的に解釈することが必要です。

地熱資源を見つけ出すだけが物理探査の仕事ではありません。地熱資源が開発され、無事に地熱発電所が建設されても、物理探査の役割は継続します。操業を開始した地熱発電所が利用する地熱貯留層の状態を、重力の変化や自然電位（三・五・三参照）の変化、微小な振動の発生状況を長期にわたってモニターします。物理探査は、長期的な熱水の利用を維持管理するために必要な情報を提供しています。

二・八　過去を探り未来を拓く

二・八・一　遺跡を探す

二〇一一年六月、エジプト・カイロ郊外ギザ台地のクフ王のピラミッドの足下で発掘調査が始められました。発掘対象は、クフ王の第二の太陽の船です（第一の船は一九五四年に発見）。この遺跡は一九八七年に早稲田大学の調査隊により、地中レーダーを用いて発見されました。当時、早稲田隊は、ハイテク技術と称して、物理探査による調査を行っていました。地中レーダー（三・七参照）をはじめ、重力探査（三・三参照）や磁気探査（三・四参照）などを駆使して、ピラミッド内部の未発見の空間や、ツタンカーメン王墓が発見された王家の谷で未発見の墓を探していました。現在ではこれらの手法はエジプトの遺跡調査に普通に使われています。

国内でも、古墳などの遺跡探査に物理探査が使われています。なぜ、物理探査が遺跡の調査に使われているのでしょうか。遺跡は、最終的に発掘をして遺物や遺構を実際に目で見るあるいは手に取らないと、歴史的な意義がわかりません。しかし、発掘そのものは破壊行為と紙一重であり、誤って掘り過ぎれば大事な遺跡を傷つけてしまいます。あらかじめどの範囲のどの深さに古墳があるということがわかれば、遺跡を破壊するリスクは大幅に減らせます。遺構のようなものは、石を敷き詰めた跡や地面を締め固めた跡であることが多いため、水分が少なく高比抵抗を示すという特徴があります。そのため昔は比抵抗法電気探査（三・五・一参照）が使われてきました。しかし、機動性や分解能の良さなどの理由により、最近は地中レーダーが使われるようになりました。

口絵15は、宮崎県の西都原古墳群で実施された地中レーダーの結果です。土に埋まった前方後円墳の形状が、目で見たのと同じように見えます。この画像は、ある深さの水平な断面での電波の反射の強さを表しています。赤色の領域は反射が強く、青色の領域は反射が弱い所です。反射の強い所は石積みや土を締め固めたところ、反射の弱い所は均質な砂や粘土と考えられます。このように古墳の形状がわかれば、発掘の計画も立てやすくなり、古墳を必要以上に破壊することもなくなります。やたらとほじくり返すのではなく、あらかじめ掘る場所を選定できれば、発掘調査の労力軽減や迅速化に役立ちます。

新たに道路や公共施設などを建設する際に、遺跡や貝塚などの埋蔵文化財が出土することがあります。もしそうなると埋蔵文化財調査を行わなくてはならず、工事が遅れがちになります。このような場合にも、掘らないで調べる技術があれば、埋蔵文化財に携わる人にも、工事に携わる人にも大きなメリットとなります。

沖縄県には多くの米軍基地がありますが、米軍基地はいずれ返還されると考えられています。返還後の跡地利用計画を策定する上では埋蔵文化財調査が不可欠であり、これを迅速かつ円滑に行うため、物理探査の導入によって、効率的に進めることが必要です。四八〇haという広大な面積を有する普天間飛行場内の埋蔵文化財については、重要施設や滑走路を除く区域で四四箇所以上の埋蔵文化財が確認されています。このような状況の中で、物理探査学会では沖縄県教育委員会の委託により「物理探査を利用した埋蔵文化財広域発掘調査手法」の研究を行いました。この結果は、今後、沖縄県の埋蔵文化財帳に役立てられ、沖縄の未知の歴史が解明されることになるでしょう。

二・八・二　活断層の活動履歴を調べる

大きな被害を伴う大地震は内陸でも発生します。人が住んでいる地域の直下で起こるため、地震の規模を示すマグニチュードは小さくても揺れの強さを示す震度が大きく、被害も大きなものになります。日本列島全体がプレートの沈み込みにより圧縮されている様子は、全地球航法衛星システム（GNSS）により、歪速度として観測されます。活断層は、過去に何度も動いて地震を発生させたものであり、地下にある岩盤の古傷といえる所です。この古傷は、外からの力を受けると大きな歪を生じやすく、何度も地震を起こします。活断層付近の地下には硬くて変形しにくい場所と軟らかくて変形を生じやすい場所があり、その境界には歪が蓄積されやすくなります。

活断層という用語が世間一般に知られるようになったのは、一九九五年に発生した兵庫県南部地震以降です。この地震で兵庫県の淡路島北西地域には、約一〇㎞にわたって地表に断層が出現しました。現在では天然記念物になっています。この地震以降、活断層の調査が盛んに行われるようになり、国内でも数多くの活断層について活動の履歴などの調査が行われました。この調査結果から地震の大きさや発生確率が推定されるようになり、年々そのデータも更新されています。

東北地方太平洋沖地震以降では、原子力発電所の安全性審査が厳格になり、敷地の中の活断層の存在が活発に議論され、テレビニュースなどで報じられることも多くなりました。活断層は「地質時代の一つである第四紀以降（二五八万年前以降）の地層を変位させ、かつ、その繰り返しが想定される断層」と一般的には定義されています。この繰り返しで起こるという点が重要です。活断層が過去にどのくらいの間隔で地震を発生させてきたかを調べることで、次にいつ起こるのかを予測することができます。内陸にある活断層ではこの繰り返し間隔が一千年から一万年程度が普通です。随分長い期間だと思われるかもしれません。この定義によると膨大な数の活断層がこの中に入ります。一方、原子力規制委員会の定義（二〇一三年一月時点）では、さらに絞って、活断層は後期更新世と呼ばれる一二〜一三万年前以降の地層をずれさせていることが条件とされ、場合によっては四〇万年前までさかのぼって繰り返しの活動があることが条件とされています。

二〇〇四年一〇月に、新潟県南部の中越地域でマグニチュード六・八の内陸地震が発生しました。この地震は新潟県中越地震と呼ばれ、震源の深さは一三km、震源直上の地域では震度七の激震を記録しました。この地震の震源は、新潟—神戸歪集中帯と呼ばれている地域にあり、日本列島の中でも歪が大きい所です。新潟中越地震だけでなく、鳥取西部地震や岩手内陸地震など多くの内陸地震では、原因となった活断層の存在が、地震発生以前には知られていませんでした。このことは、未知の活断層が多くあるということを意味しており、活動の地表での痕跡である変動地形の調査だけでは不十分だということです。

活断層というと、地表に露出し、ずれが見られるものだと考えているかもしれません。しかし、活断層の全てが地表に出現するわけではなく、地表付近の柔らかい地層を撓(たわ)ませるだけのものもあります。これを専門用語で「撓曲(とうきょく)」といいます。大地震の場合、地下での変位は地表にまで及ぶことがあり、これが地表における活断層による変位です。

活断層の調査は、はじめに空中写真判読によりリニアメントと呼ばれる線状に見える地形を読み取ります。その例は三・八の図3—31に示しています。空中写真判読は、航空機により撮影された写真から地形の特徴を抽出する技術です。断層によるずれ（変位）が繰り返されると、系統的な線状地形（リニアメント）が空中写真の上に現れ、活断層の可能性が高いと判断します。しかし、中には別の要因で線状地形を形成するものもあり、その中から明らかに活断層でないものを取り除きます。さらに、絞り込んだ線状地形のうち、地表での断層の変異や破砕帯などの証拠を確認し、初めて活断層と認定されます。

地表での活断層の活動の定量的な認定手法としてトレンチ調査があります。この調査手法は、活断層が露出すると想定される地表部分を深さ数mから十mくらいの溝を掘り込み、地層の連続性を調べます。その例を図2―13に示します。地層が不連続な所を活断層とし

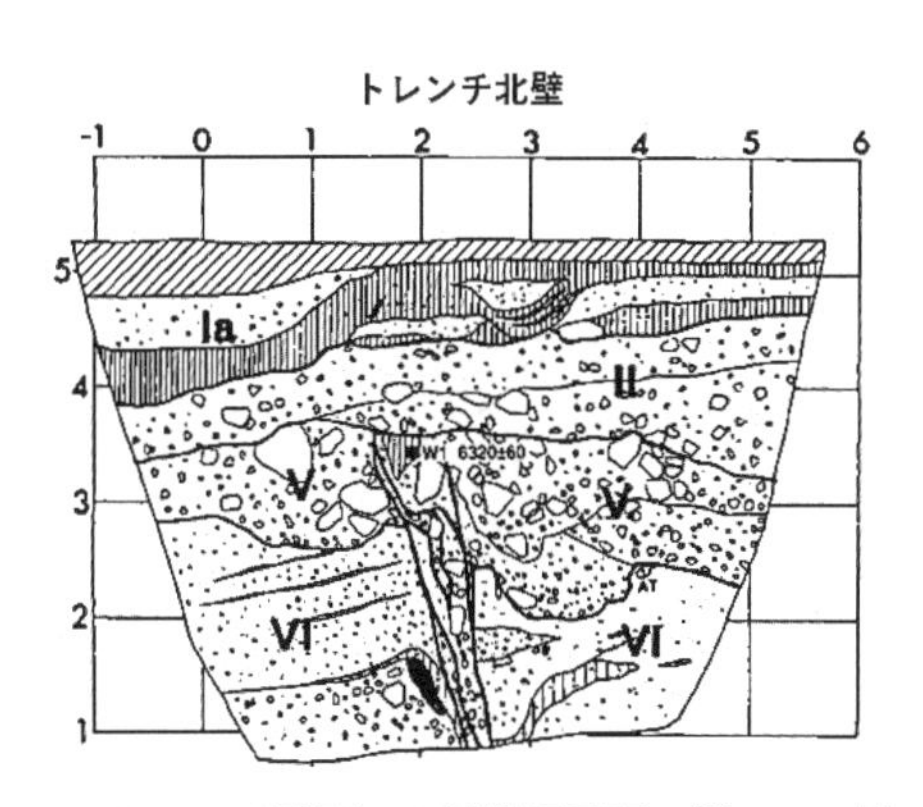

図2－13　トレンチ壁面での活断層露頭の例。この例では、最新の地震はV層堆積後、II層堆積前に起こったことが分かる。それぞれの層の堆積年代が分かれば地震発生年代が推定できる（吉岡・他、1998より引用）。

て、その正確な位置と不連続地点での変位量を測定します。また、不連続な地層の堆積年代は、火山灰層や放射性同位体を用いた年代測定によって調べられます。断層により地層が切られていれば、その断層を生じた地震は、その地層の堆積より後であることがわかります。古い地層ほど何回も地震で変位しているので、変位の累積性も大切な指標です。その地層の堆積年代と変位量から変位速度(たとえば、一万年あたり一mとか)を求めることができます。この変位速度の大きさに応じて、活断層はA級からC級という活動度のクラス分けを行います。

活動度A級の活断層は、神奈川県の国府津・松田断層をはじめ、岐阜県にある一八九一年濃尾地震に伴って出現した根尾谷断層などがあります。明瞭な変位地形を伴い、繰り返しの活動をしてきたことがトレンチ調査などによって確認されています。活動度B級の活断層は、兵庫県南部地震に関係して、地表に露出した野島断層も含まれています。あれだけ大きな被害を発生させた地震に関係する活断層であっても、一〇〇〇年に一〇㎝から一m程度の変位なのです。一〇〇〇年間に一m以上というA級の活断層も一年あたりの変位量に直すと一㎜程度の変位になります。この値は、それほど大きい値ではありません。この程度の変位であれば、街中に活断層があったとしても人間の活動によって短時間で消失し、地表の変位はわからなくなってしまいます。平野部などの人工改変が進んでいる人口密集地域においては、空中写真による活断層を特定することが難しいということです。特に、トレンチ調査のように、地面を掘り込む調査場所を選ぶことも難しいのです。生活の場である平野での活断層調査にこそ、非破壊探査である物理探査の活躍の場があります。兵庫県南部地震をきっかけとして多くの物理探査が活断層を対象として行われてきました。

断層は、地層境界の水平方向の連続性が系統的に変形している場所にあります。反射法地震探査（三・二・二参照）は地層の形状や連続性を可視化することができるため、地層の境界は連続した反射面として現れます。

図2―14は淡路島の周辺域の反射法地震探査結果です。この例では、大阪湾西部の大阪層群という厚い堆

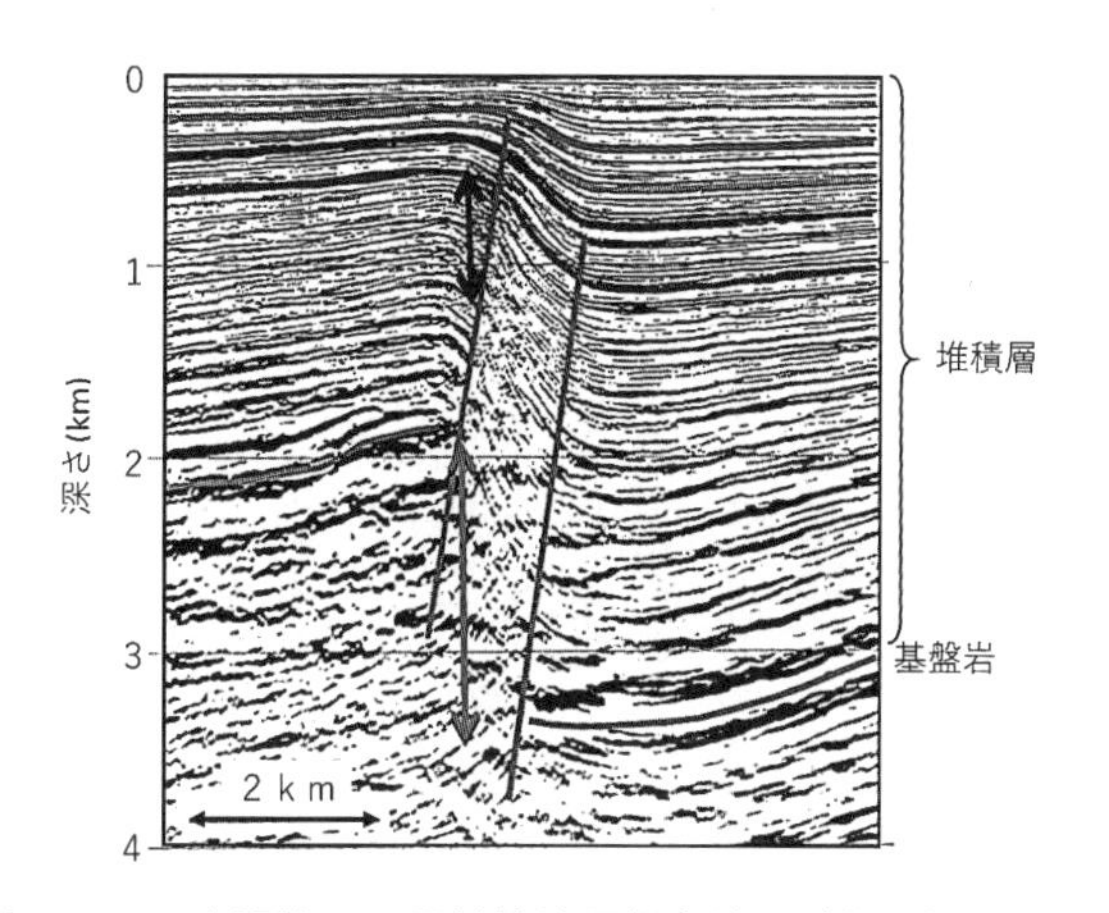

図2－14　大阪湾での反射法地震探査結果（物理探査学会、1998aに加筆）。厚い堆積物の地層に大規模な反射面の変位が見られました。矢印で示す反射面の変位量は、深部の地層ほど大きくなっており、深部の古い地層ほど変位量が大きいことが見て取れます。この断面では地層は不連続ではなく、撓（たわ）んでいます。

ており、古い地層ほど変位量が大きいことが見て取れます。この断面では地層は不連続ではなく、撓んでいます。周辺地域の地表地質調査のデータや、ボーリングデータの結果と照らし合わせて、それぞれの反射面がどのような地層に対応しているのか、その地層が砂層なのか泥層なのか、いつの時代の地層なのか、などを明らかにします。こうした反射面と各地層との対比によって、地下における活断層の形状と変位量の把握をすることができます。それだけでなく、活断層の歴史や活動度を読み解くことも可能です。さらに、地層の年代測定結果を用いることにより、平均変位速度、活動の時期、一回の地震で生じる変位量を算出することも可能です。反射法地震探査の分解能は精度がよくても一m程度です。つまり一mより薄い地層を見ることはできません。波長を短くすると分解能が上がりますが、探査できる深さは浅くなります。波長を長くするとその逆になります。そのため、地表付近から地下深部までをさまざまな波長の地震波を用いて調査します。地下に潜む活断層を調べるためには、いろいろな物理探査により地下での地層の変動を調べる必要があります。震源域付近の地震波トモグラフィー（三・二・五参照）やMT法電磁探査（三・六・一参照）により、その周辺の地下構造が調べられており、未知の活断層の発見や、地震発生メカニズムの解明などに役立てられています。

精密な重力探査（三・三参照）による活断層調査もよく行われます。これは、地層や岩石の密度差から活断層の存在を推定する方法です。反射法地震探査ほどの分解能はありませんが、大規模な機材や人員を投じなくても、大局的な地質構造を推定できる点が優れています。図2―15は兵庫県南部地震後に行われた神戸～西宮地域における重力探査の結果です。太い実線で示した活断層に沿って同じ重力値を示す等重力線が混み合っています。これは、活断層による地下の地層の段差が重力の差として現れたものです。

活断層の運動によって、地

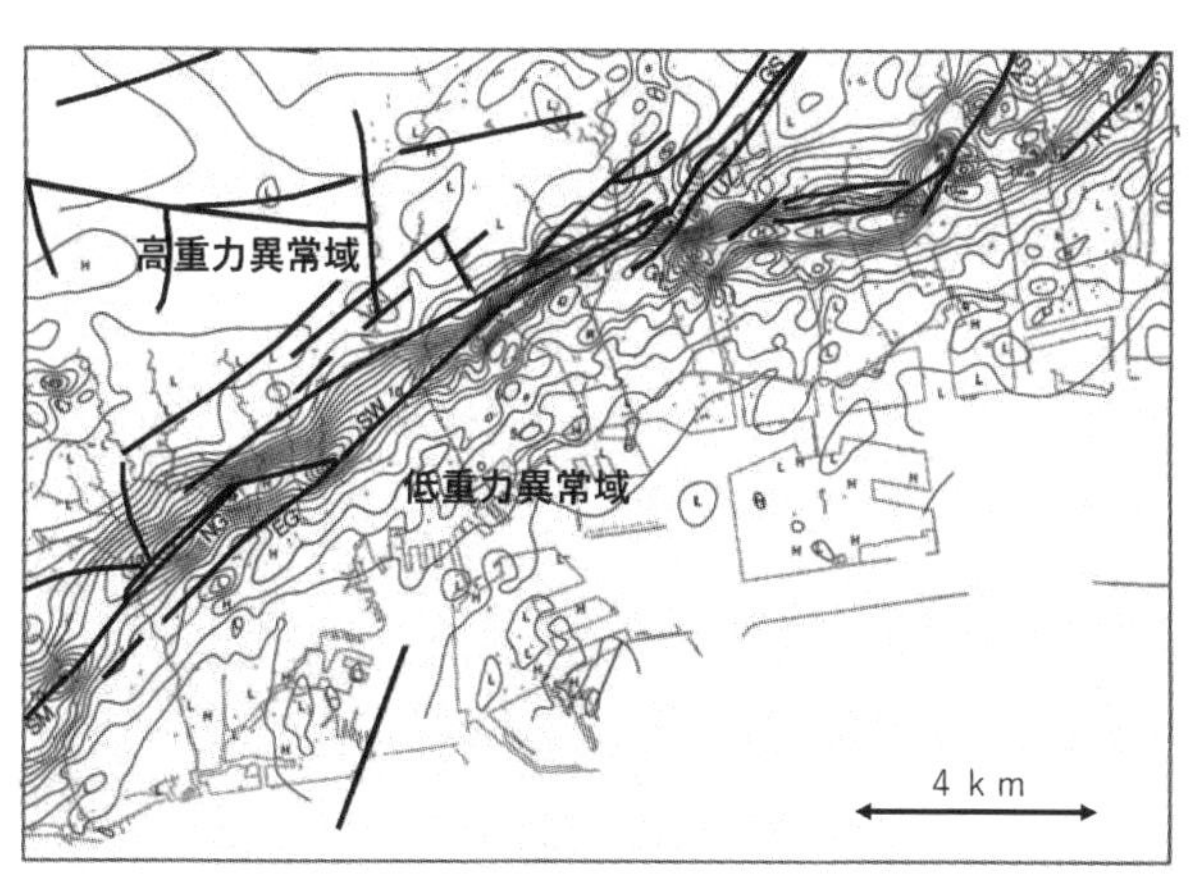

図２－15　神戸～西宮地域での重力探査の結果（駒澤・他、1996に加筆）、太い実線で示した活断層に沿って同じ重力値を示す等重力線が混み合っています。これは、活断層による地下の地層の段差が重力の差として現れたものです。この図では、山側は高重力異常域で固い基盤岩が浅いところにありますが、活断層より海側は低重力異常域になり基盤岩が深くなっていることを示しています。

層や岩石が繰り返し変位を受けると、地層や岩石は細かく砕かれ、破砕岩や断層粘土などと呼ばれる粘土状の物質になります。こうした活断層もしくは風化によって粘土化した所は、比抵抗法電気探査（三・五・一参照）やいろいろな電磁探査（三・六参照）により低比抵抗を示す領域として捉えることができます。特に、反射法地震探査が苦手とする基盤岩が露出している地域での調査が可能です。均質な基盤岩の内部では明瞭な反射面が得にくく、活断層の変位量がわからないためです。

今後、活断層調査における物理探査技術がめざす方向として、地下構造の高分解能化と三次元化、あるいは活断層の本体である深部構造を解明する手法の発展が期待されます。さらに、地表付近における高分解能化により、都市部において容易に行うことができないトレンチ調査の代替手段となり得るでしょう。活断層の深部での分布や位置については、地震発生領域の物理特性を考慮することが重要で、さらに技術開発が必要です。地震を発生させる領域では地層や岩石にどのような力がかかっていて、何がきっかけで地震が発生するのかなど、まだわかっていないことは数多くあります。しかし、物理探査の技術革新は日々進んでおり、近い将来その謎が解明される日が来ると思います。

二・八・三　月や火星の中を調べる

月は地球の周りを自転し、晴れた日の夜に空を見上げると空に浮かんでいるように見えます。日本人は古来より月を愛でお月見をします。このように私たちには身近な月ですが、その成因についてはいろいろな説がありました。十九世紀以来、地球から分裂したという説（分裂説）や、地球と月が別々に発生し、月が地球のそばを通ったときに地球の周回軌道に乗ったと考える捕獲説などが唱えられてきました。

最近では、巨大隕石衝突説が有力になっています。これは、地球の一〇分の一程度の質量を持った物体が地球に衝突し、地球の周りに円盤状に破片がばらまかれ、これが集積して月になったという説です。その場合、月は高温になり、表面がドロドロに溶けたマグマオーシャンと呼ばれる状態になる必要があります。アメリカによるアポロ計画により持ち帰られた月の石を分析すると、形成直後に月はマグマオーシャンの状態にあったことがわかっています。しかし、マグマオーシャンが全体に均一だったのか、溶けていた深さはどの程度なのかなど、不明な点も多くあります。

月の内部構造探査は、アポロ計画において、探査機の着陸地点の五か所に地震計が置かれ、一九六九年から一九七七年の間に約一二〇〇〇個の月震が観測されました。多くの月震が深さ五〇〇～一〇〇〇㎞で起こっていることがわかりました。その月震のうちの一部を使ってS波による地震波トモグラフィー（三・二・五参照）が行われ、月の内部の速度分布が示されました。この結果を口絵16に示しました。この図は標準的なS波速度からのずれを表しています。この四断面の位置は図中央下部に示されていて、そこでのS波速度分布が描かれています。内部には赤色の低速度異常と青色の高速度異常を示す所が見られます。特にPKTと記されたところは低速度で、主として深さ二五〇～四〇〇㎞の範囲にあります。そこは、トリウムなど放射性元素が濃集しているところで、その崩壊熱により温度が高いので低速度異常を示すと考えられています。月ができた初期のマグマの活動は三八億年前には終わり、それ以降、地球では起こったプレート運動は、月では起こらなかったので、その初期の内部構造が残されていると考えられます。この速度分布より、月の内部は不均質であり、熱的異常もあることが月震の発生原因になっている可能性も指摘されています。

現在、月の周回軌道を回る月探査衛星を利用して、月の表面から出ている放射線を測定し、月表面の化学組成を推定することができます。また、さまざまな波長の電磁波や赤外線などを観測することにより鉱物の組成もある程度推定できます。これはマグマオーシャンが月全体に及んだのか、部分的だったのかということを推定する材料になります。重力の大きさを測ると、密度の違いやその分布もある程度推定できます。これらの方法は、地球の周りを回っている人工衛星によっても行われています。

将来、月や火星に人間が住む時代がくることを考えると、地球上とは環境が大きく異なるためさまざまな困難が伴うことが予想されます。大気がないために有害な高エネルギーの宇宙放射線や、日なたの強烈な直射日光、逆に日陰の超極低温などが考えられます。これに対応するため、地下に住むことが考えられます。地下に住めば上記の障害はある程度軽減できるためです。このようなことを実現するためには、今後も月の地下を診る物理探査が重要な役割を果たすことが期待されます。

本章で紹介しきれなかった事例はこの他にも数多くあります。興味を持たれた方は巻末の「さらに勉強したい方に」に示した参考文献をご覧いただくと、より一層地下を診る技術への理解を深めることができると思います。

第三章　地下を診る方法

三・一　物理探査と「逆問題」

前章では、物理探査がいろいろな社会的課題を解決する手段として使われている例を紹介しました。そこでは、どのように使われて、どのようなことがわかるのか、という点を主に説明しましたが、それぞれの手法については詳しく述べていません。第二章を読まれて手法について具体的に知りたいと思われた読者のために本章を用意しました。

各手法の説明に移る前に、各探査手法で解析によく使用される考え方について説明します。物理探査は、地表でいろいろな物理量の測定を行い、取得した計測値をもとに、地下構造を推定します。どうしてこのようなことができるのでしょうか。まず。屈折法地震探査を例にとり説明します。

地下の地震波速度分布がわかっている場合、震源から観測点までに到達するまでの時間と経路は計算で求めることができます。地震波の伝播経路は、物理法則で決まっているからです。図3—1に屈折法地震探査の場合のその手順を示しました。この場合、地下の地震波速度を原因、地震波伝播の計算方法を仕組み、観測された伝播時間をその結果と考えることができます。これらはある原因から、物理法則という決まった仕組みを利用して、結果が得られることになります。

原因から結果を導くことは、順番通りなのでこれを順方向と考えると、この問題は順問題または順解析といいます。モデリングと呼ぶ場合もあります。

物理探査では地震波速度分布がわからないため、順解析として考えることができません。わかっているのは物理法則としての仕組みと、結果としての観測値です。地震波速度分布は原因に相当しますから、仕組みと結果を使って原因を知ろうとするのは、順解析とは逆になるため、逆問題または逆解析と呼ばれます。図3―1に逆解析の手順を示しました。これまで地震探査の例で順解析、逆

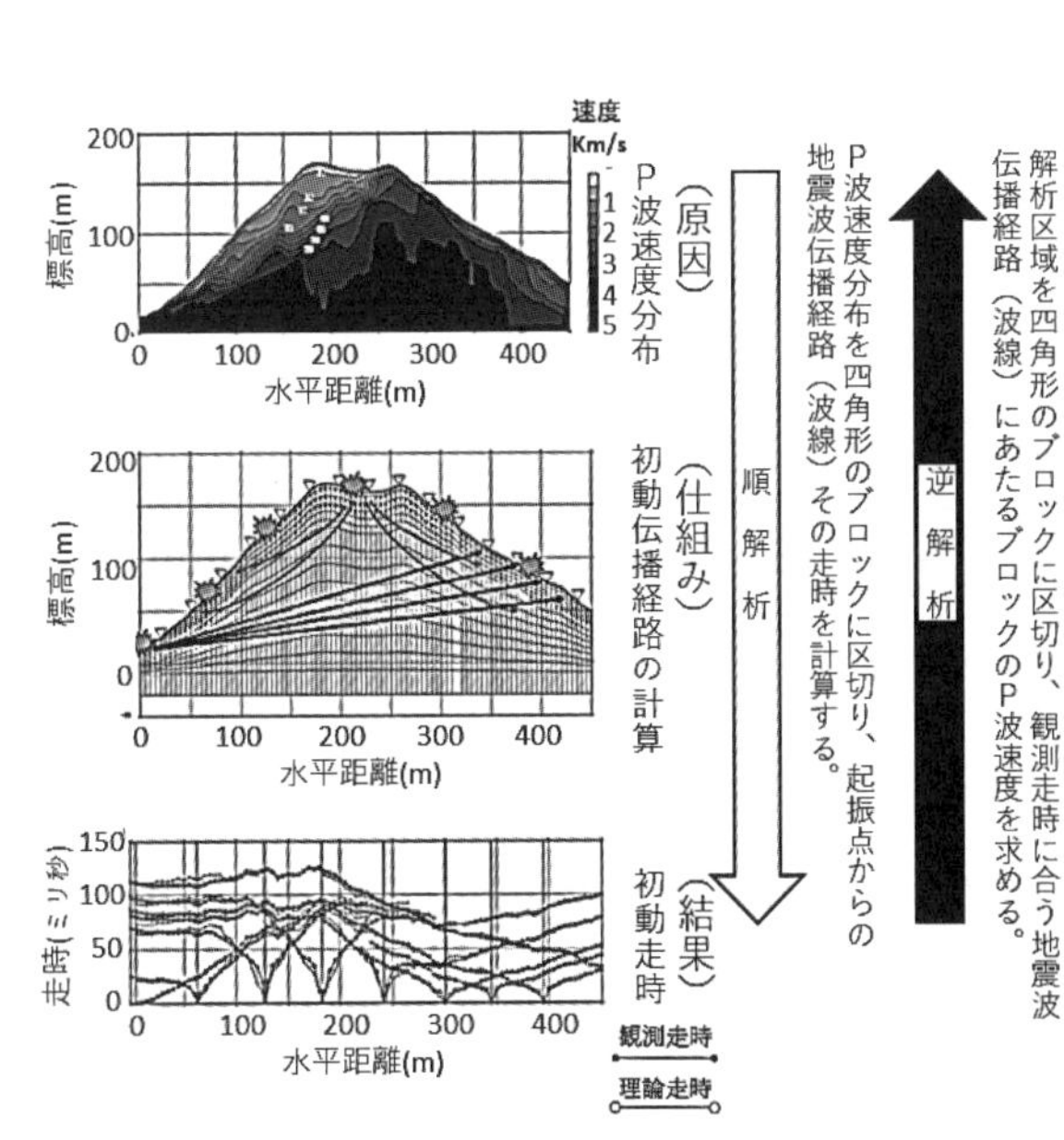

図3－1　屈折法地震探査における順解析と逆解析の流れ

解析を説明しましたが、この考え方は他の物理探査法についても図3—2のようにあてはめることができます。

物理探査はどの手法においても、その測定データに対する解析法は、地表で現象を測定して、地下構造を求めるので、まさに逆解析そのものといえます。逆解析を行う計算手法をインバージョンといいます。最もよく使われるインバージョンは、地下の物性の分布を仮定し、地下で起こる現象に従って、地表でのいろいろな場所で測定される値を計算で求め、その計算値と実際に測定された値の分布とが最もよく合う地下の物性の分布を最適解としています。計算値と測定値とがどのくらいよく合っているのかを示すために、各測点での計算値と測定値との差を求め、その差のすべての測点に対する平均値で判定します。以下の節で、イ

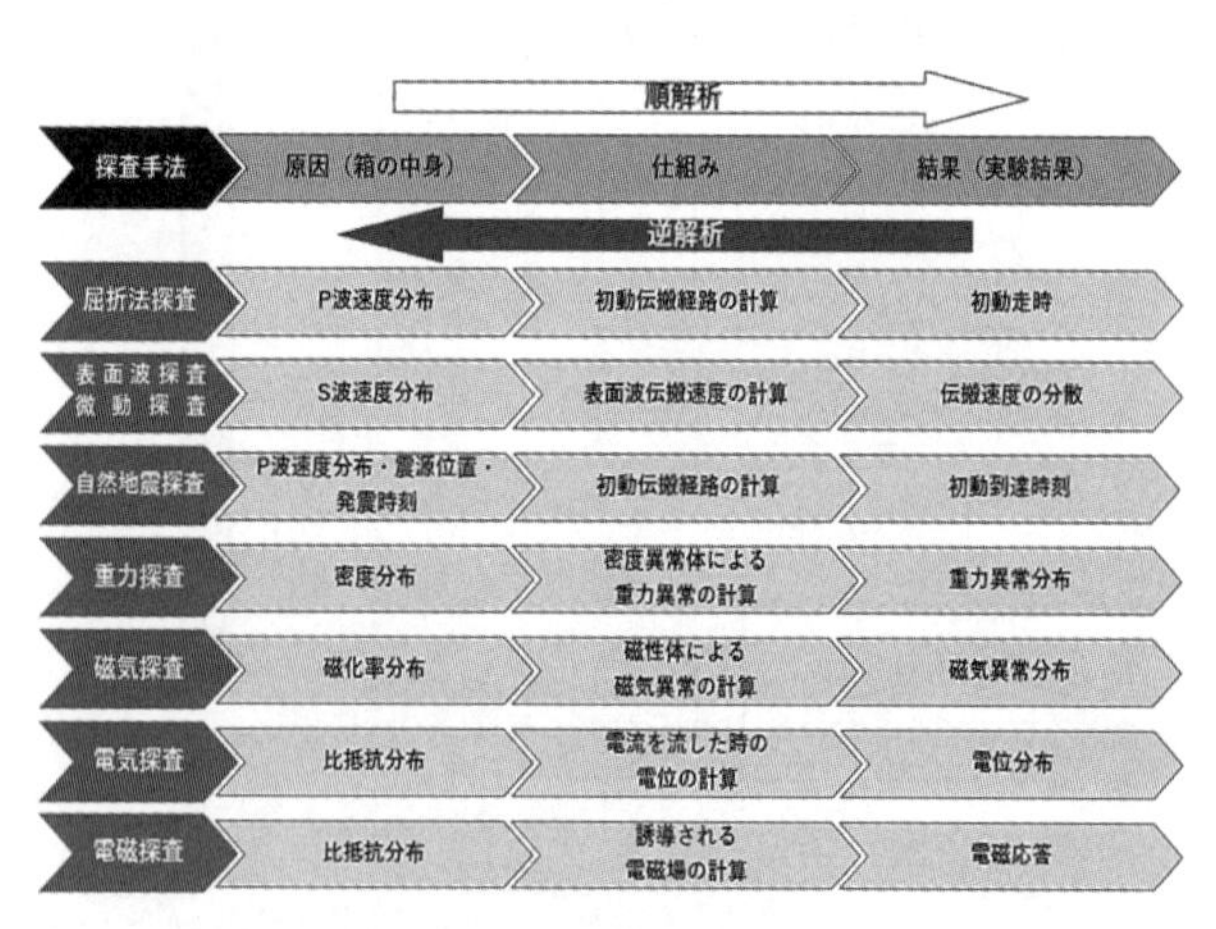

図3－2　各種物理探査での順解析と逆解析

ンバージョンと書いてあったら、このような原理であることを思い出してください。

三・二　地震波を使う方法（地震探査）

一・五・四で述べたように、地震探査では地震波速度が重要な役割を果たします。図3―3に示すように地中の土や岩石は地震波速度に特徴があります。沖積層・洪積層のように新しい時代の堆積岩のP波速度は小さく、堆積岩は古い時代のものほど硬いため、より大きい速度を示します。火成岩では、地下深部の高温・高圧下でゆっくりで

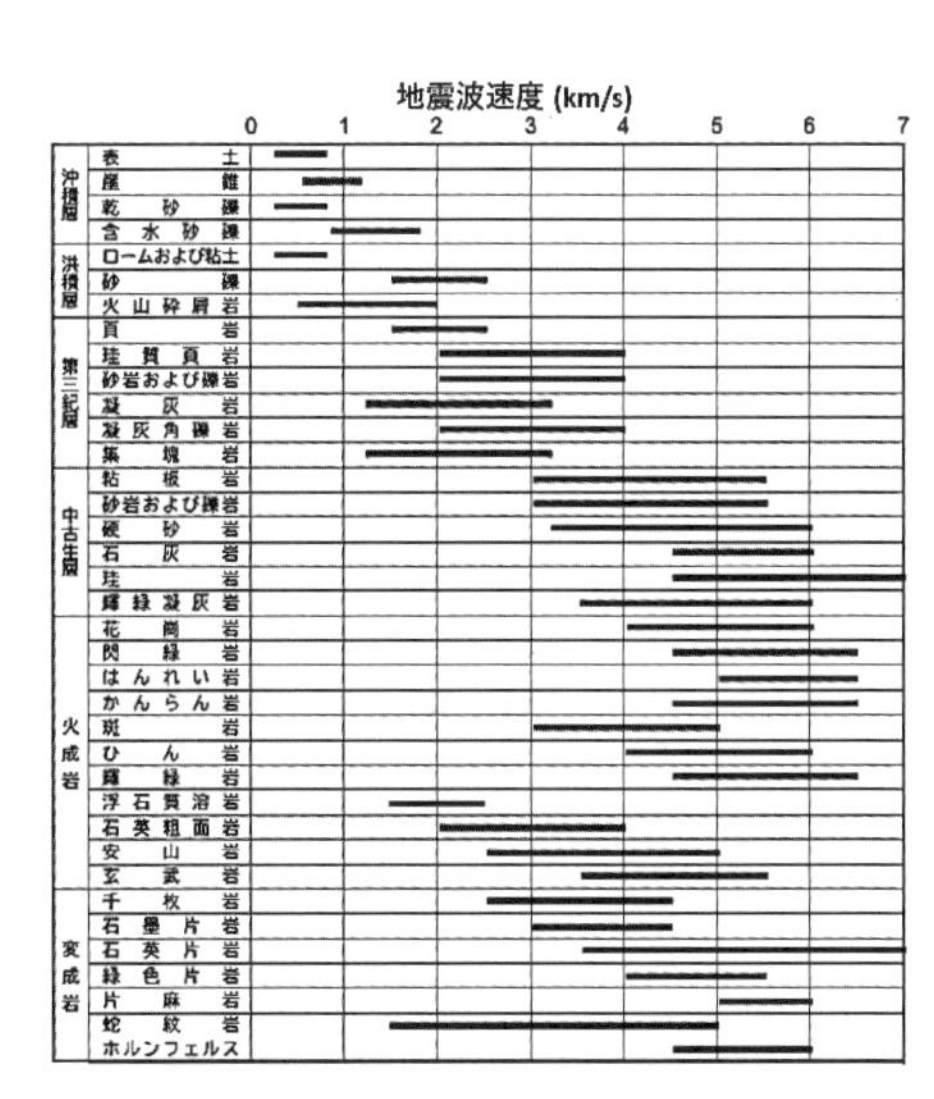

図３－３　土や各種岩石のＰ波速度（物理探査学会、2008cより引用）

きた緻密な深成岩は高速度を示します。比較的地表近くで短時間にできた密度の低い火山岩の速度は、深成岩に比べて低速度を示します。変成岩は、できたときの状況が深成岩に似ていることから高速度を示します。

地震波速度が急に増加する境界に地震波が入射すると、その境界で波が屈折したり反射したりします。その波が発振点から地層内や地層の境界を通って観測点に至るまでの経路（波線）とその到達時間（走時）は地下の地震波速度の分布で決まります。屈折法探査は地下の速度構造の分布を調査する手法であり、反射法探査は地震波速度の急激に変わる境界での反射を並べて地下構造の可視化をする手法です。また、表面波探査と微動探査は、ともに表面波速度の周波数による変化が地震波速度の分布に依存していることを利用して、地下の地震波速度構造を調査する手法です。

三・二・一　屈折法地震探査

屈折波（一・四・一参照）を利用した屈折法地震探査は、最も古くから使われてきた方法です。ダム建設やトンネル掘削のための、事前に岩盤の硬軟の調査や亀裂を把握する調査など、広い分野で使用されています。屈折法地震探査を使えば、地下数百m程度の比較的浅い範囲で、地下の地震波速度構造を比較的容易に把握することができます。速度構造は、建物や橋などの構造物の支持基盤となるような固い岩盤の分布、破砕帯や断層のように強度が低い領域の分布、崩れやすい軟岩層の連続性など、防災・建設分野や資源開発分野での工事や開発計画に必要な地質状況を把握することに大きな役割を果たしてきました。

屈折法では、図3―4（a）のように地表に起振点を置き、そこから発出した地震波を地表に並べた受信器により、同図（b）に示した波形を記録します。起振点に近い受信器では最初に表層を伝播してきたP波の直接波が届きます。しかし、起振点からの距離が離れると、表層より速度が速い基盤に到達しそこで屈折して基盤を伝播した屈折波が直接波より先に届きます。その様子を同図（c）に示しました。（c）の折れ線（走時曲線）の最初の部分の傾きの逆数は表層のP波速度になり、屈曲点以降の傾きの逆数は基盤の速度になります。こうして地下のP波速度が求められます。P波の後に到来するS波の到達時間を記録から読み取れる場合には、同様のやり方をすれば、表層と基盤のS波速度を求めることができます。

従来は、同図（c）に示した走時曲線から地下の速度分布を求める際に、水平な地層の重なりや単純な傾斜層を前提にした解析により地下の速度構造（速度値および速度層境界の形状）が求められてきました。近年では、地形や速度層境界の凹凸が大きく従来の方法では正しい速度構造が得られない場合でも対処可能なインバージョン（三・一参照）が一般的に行われます。この解

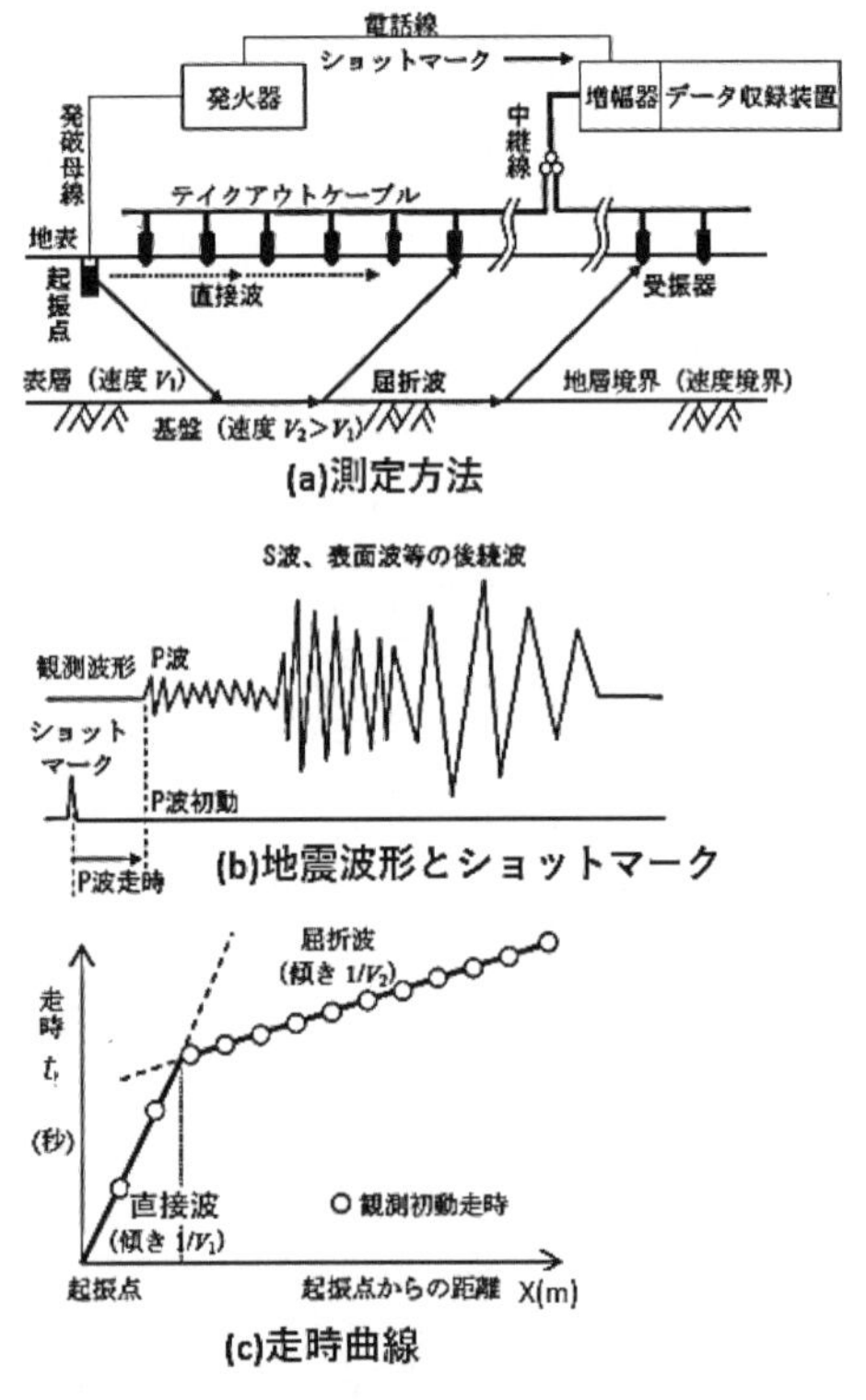

図３－４　屈折法地震探査の原理（物理探査学会、2008dを改変）。(a) 起振点から地震波発生させると受信器により地震波が波形として記録されます (b)。起振点に近い受信器では表層を伝播してきたＰ波の直接波が届きます。起振からの距離が離れると、表層より速度が速い基盤に到達しそこで屈折して基盤を伝播した屈折波が直接波より先に届きます。(c) の折れ線（走時曲線）の最初の部分の傾きの逆数は表層のＰ波速度になり、屈曲点以降の傾きの逆数は基盤の速度になります。

析では理論的に計算された走時と観測された走時とがよく合致する速度分布を求め、地下の速度分布が目に見えるようにわかりやすく表示することができます。第二章で示した図二―八や図二―九などの探査事例はこのような解析が行われた結果です。

三・二・二　反射法地震探査

反射波（一・四・一参照）を利用した方法は反射法地震探査と呼ばれています。この方法は地下数kmの深さにある石油貯留層の探査に多く使われています。建設分野ではそれに比べると浅い深度数百m以浅が対象となり、浅層反射法地震探査と呼ばれることがあります。医療分野では、腹部や胎児の検査に超音波診断が使われます。規模は全く違いますが、反射法地震探査と超音波診断の原理は同じです。

図3―5に示すように、いろいろな起振点から地震波を放射し、反射波を線上に並べた受振器を使って細かく測定します。これらの反射波の到達時間を利用して反射点を次々求めていくと同図右側のように反射面の連続性が見えてきます。こうして反射面となる地層の境界面やその連続性などを知ることができます。

石油資源探査では、一九六〇年代以降のコンピュータの急速な発達によるメモリーの大容量化や大規模高速演算の実現により、反射法地震探査は飛躍的に発展を遂げ、最近では、非常に複雑な地質構造も高精度でわかるようになりました。口絵17にその例を示します。同図（a）は三次元反射法地震探査によって得られた三次元データの一部を垂直に切った断面です。同図（b）は、同図（a）の垂直断面を横切って、それと直交する水平断面です。矢印は両断面のそれぞれ対応する部分を示しています。（a）ではあまりよく見えませんが、（b）の水平断面では曲がりくねった蛇行河川の跡のような形が明瞭に見えます。これは、約三〇〇〇mの地下に存在する一千万年以上前に埋没された海底渓谷を見事に捉えた結果です。

　調査機器は、平面的に発振点・観測点を確保する必要があることから、自然環境や社会環境に応じてさまざまな資機材・車両・船舶などが用いられます。地震波を発生する震源として、陸上では爆薬やバイブロサ

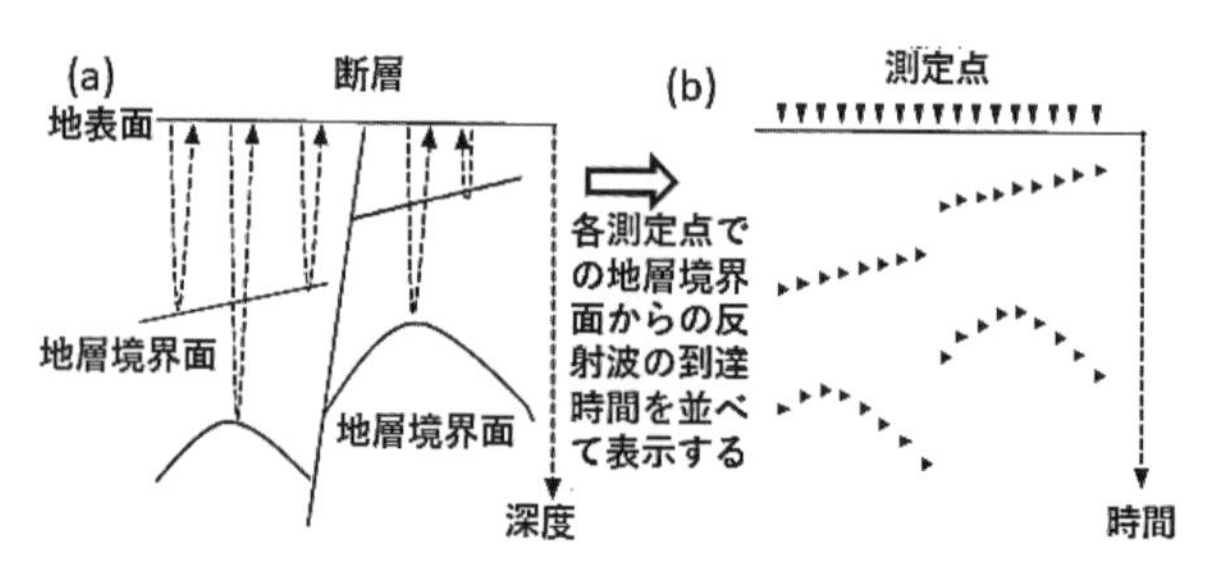

図３－５　反射法地震探査の原理。(a) のように、直線上に並べた受振器を使って多くの起振点からの反射波の到達時間を測定し、反射点を次々求めていくと (b) のように反射面の連続性が見えてきます。こうして地下の地層の境界面やその連続性を知ることができます。

イス（図3―6）という大規模震源が使用されます。海域では物理探査専用の調査船に搭載された、水中で圧縮空気を瞬間的に放出して地震波を発生させるエアガンを船尾から曳航して探査を行います。

近年の電子機器の飛躍的な進歩に伴い、さまざまな無線通信技術が一般的に利用され、何千箇所もの地震計のデータを瞬時にコンピュータに記録することができるようになりました。これにより、観測点の数を大幅に増やすことができ、重い電線を這わせる必要がなくなりました。それによって、険しい山岳地や都市化の進んだ市街地においても、効率的に調査ができるようになったのです。

図3－6　道路上で発震を行う大型のバイブロサイス車両

三・二・三　表面波を用いる探査

一・四・一で述べたように、地表で起振した時に発生する表面波は、地表に沿って伝播していきますが、その波長により伝播速度が変化するのが特徴です。その伝播速度は主として地盤のS波速度構造に依存していて、波長の短い表面波は地下の浅い部分の影響を、波長の長い表面波は地下の深い部分の影響を受けます。この関係を使って、地表に設置した多数の受振器で観測された表面波を、三・一で説明したインバージョン解析を使って、地下のS波速度構造を得ることができます。

図3—7に示すように、地面を打撃して表面波を起こしてこれを多数の観測点で計測し、各観測点で得られた地震波を周波数ごとに分けると、周波数ごとに発振点—観測点間距離と波の到達時間との関係が得られます。その関係から各周波数の速度がわかります。一般的には、表面波（レイリー波）の速度はその波長（速度と周波数との比）の三分の一の深さまでのS波速度を反映するので、多くの周波数でこのような作業をすることで各深度でのS波速度が得られます。

二・四・一で、堤防上で表面波探査を実施してS波速度構造を求め、比抵抗法電気探査の結果として得られる比抵抗構造との統合解析を行って、安全性を評価している例について説明しました（口絵4）。同図で地震波速度が遅く、比抵抗が高い所はかつて河が合流していた地点で、ゆるい砂で埋め立てられており、漏水が起こりやすいとか、液状化の危険度が高いと判定されています。

三・二・四　微動探査

地表は地震のないときでも小さい振幅で揺れています。この微小な揺れを微動といいます。この微動は、取り扱われる周波数帯や場所によって、常時微動・長周期微動・火山性微動・地熱微動などと呼ばれています。微動は、それぞれの振幅は測定場所と時間帯により変わります。常時微動や長周期微動には、一Hz以下と一Hz以上にそれぞれ卓越する周波

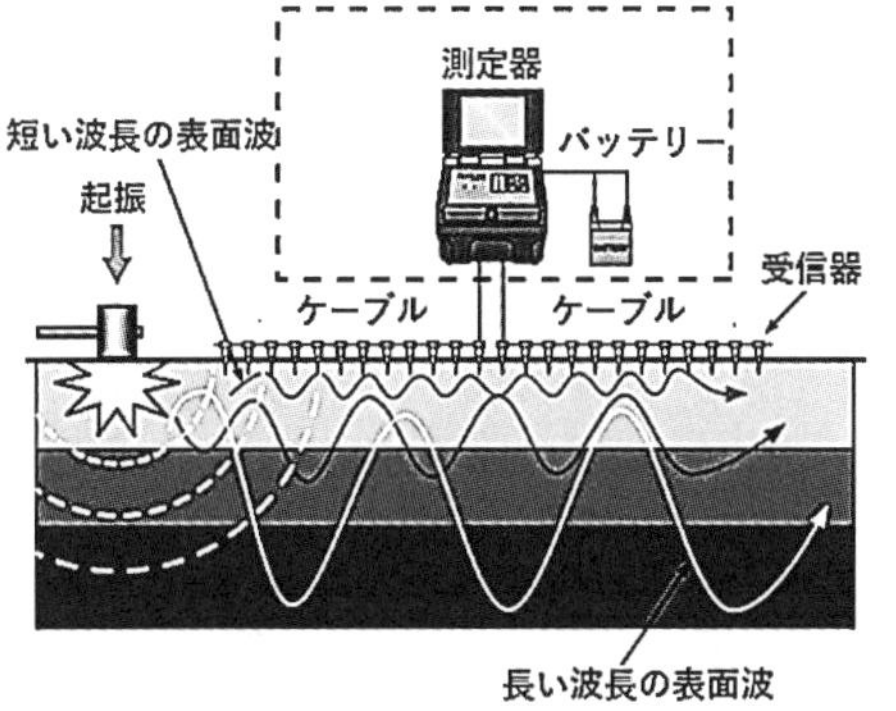

図3－7　表面波の伝播と測定法（物理探査学会、2008eを修正）。地面を打撃して表面波を起こしてこれを多数の観測点で計測し、各観測点で得られた地震波を周波数ごとに分けると、周波数ごとに発振点―観測点間距離と波の到達時間との関係が得られます。

数帯があり、前者は主に波浪など自然現象に起因するもので、後者は交通・工場など人の活動によって発生する振動に起因するものです。微動はさまざまな振動源による振動の足し合わせで、複雑な波形となっています。振動源は地表付近にあり、表面波が卓越すると考えられています。微動計測は、微動観測結果を周波数ごとの振幅の分布を調べ、表層地盤の振動しやすい卓越周波数や増幅特性を推定して、建物の耐震設計資料として使われています。

卓越する表面波に着目してS波速度構造を推定する微動探査にも使われています。地震防災のための堆積平野の地下構造調査を調べる手段としてよく使われています。図3―8に示すように、この手法は次の四段階の作業により実施されます。

①地表において複数の地震計を群設置し、同時刻の地面の微小振動を観測する。
②複数の地震計で計測された波形を表示する。
③観測データから地下構造を反映する表面波の周波数ごとの速度を抽出する。
④表面波の位相速度から地下におけるS波速度構造を地下が層構造からなると仮定して推定する。

微動探査は、いわば自然の振動を利用した表面波探査であるといえます。低い周波数ほど探査深度は深くなりますが、表面波探査で使われる人工振源では放射される振動の周波数帯を低くすることに限界があり、表面波探査では二〇m以深の探査は容易ではありませんが、数十mよりも深い所の探査には微動探査が適しています。

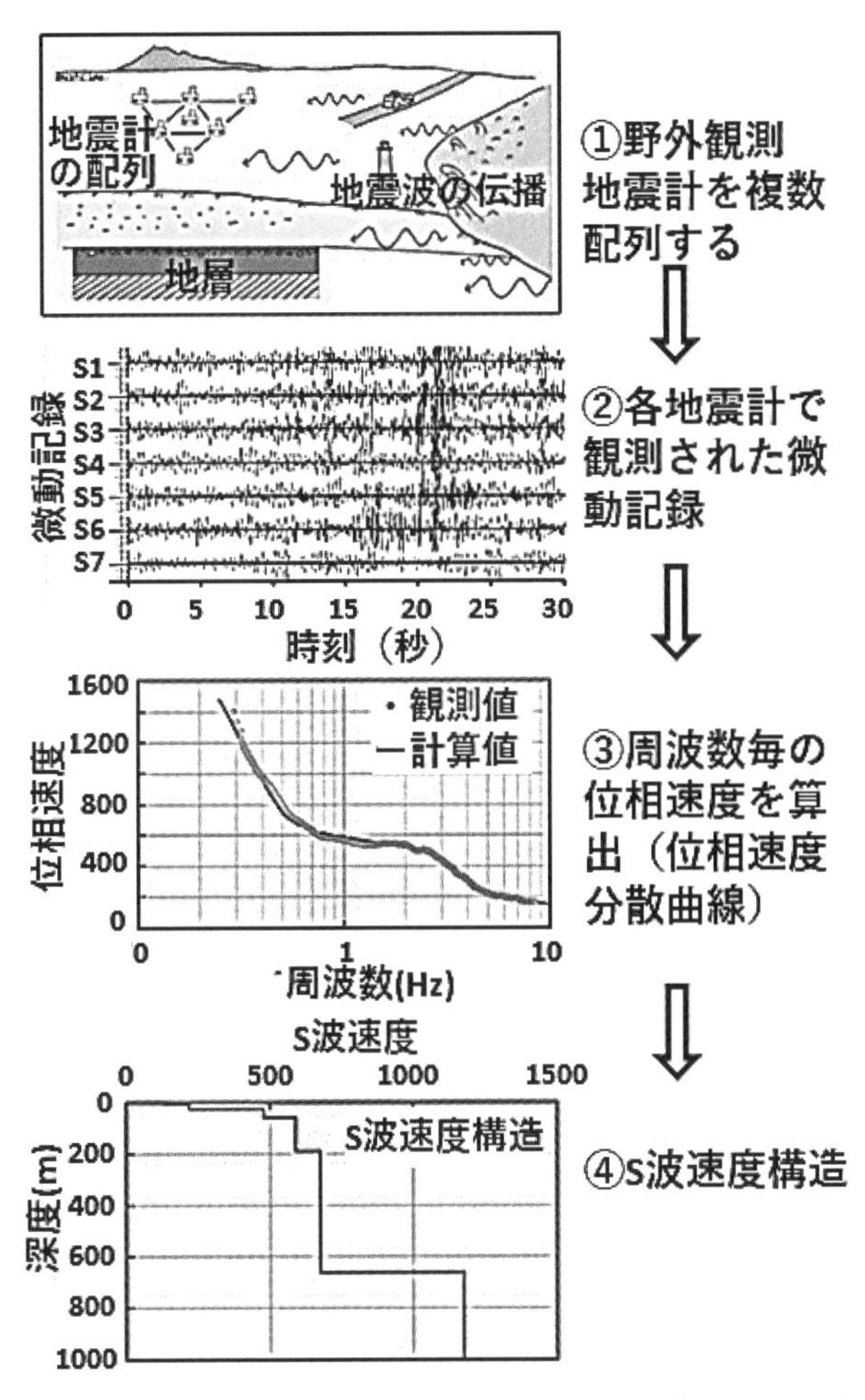

図３－８　微動アレイ探査によるＳ波構造の推定（物理探査学会、2008fを改変）

三・二・五　自然地震探査

自然地震による探査は、震源を用意する必要がなく、エネルギーも大きいので地下深部までの探査が可能です。一方、地震発生頻度が低い地域では適用できない、震源の性質がわからない、遠い場所で発生する地震を用いる場合には高周波が減衰してしまうため解像度が悪くなるといった問題点もあります。これらの特徴から、人工地震探査は比較的狭い地域において地下数㎞を精密に調べるのが目的であるのに対し、自然地震は広い地域を比較的低解像度で探査する目的で用いられることが多いようです。地下の速度構造を推定すること以外にも、震源情報そのものも重要な地下の情報であり、震源位置・地震発生の力学的性質・S波速度異方性などの情報が得られます。

ここでは、自然に発生する地震波に対するトモグラフィーによる地下速度構造を求める方法を説明します。原理的には三・一で説明したインバージョンと同じです。図3—9は自然地震波トモグラフィーの原理を説明する図です。初めに対象となる地下を多数のブロックに分割します。それぞれの位置を決め、そのブロック内部の地震波速度を仮定します。ここでは三個の地震（E1、E2、E3）を三つの観測点（R1、R2、R3）で観測する例を示しています。それぞれの地震による地震波が観測点に到達する経路が矢印の線で示されています。この経路で地震波の観測点に到達する時間をそれぞれT11、T12、……などとします。観測点の位置はわかっているため、地震波の到達時間を計算することができます。地震の発生時刻と位置は未知数です。各ブロックの位置はあらかじめ与えることができ、各ブロックの速度の値が求めるべき未知数となります。未知数の数は、地震の数およびブロックの数に関係しますが、三次元の領域を探査範囲にすると非常に大きな数になります。このような場合はいろいろなブロック速度値や地震の発生位置、発生時刻を仮定し、仮定値によって計算される観測点での走時を観測された走時と比較します。それらの差が最も小さくなるように地下速度構造や地震発生の位置、時刻を繰り返し計算して求めます。このような方法を用いて地震波の速度構造

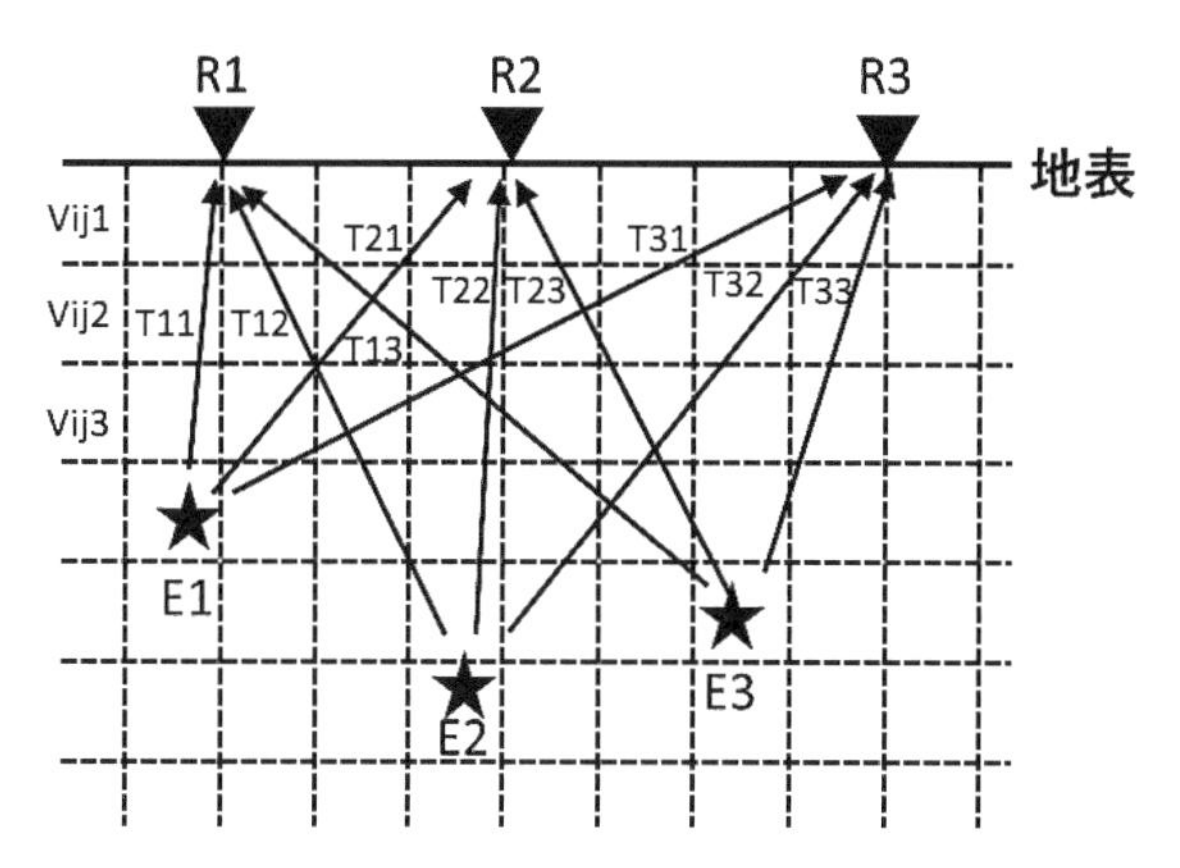

図３－９　自然地震トモグラフィーの説明図

や地震の発生位置を決めることができます。

三・三　重力を使う方法（重力探査）

一・四・二で述べた通り、地球上の物質には地球の引力のほかに自転による遠心力がかかっており、この合力が重力です。また、地球は均一ではないので地下の岩石の密度分布、特に測定点周辺の密度分布を反映します。図3―10はいろいろな岩石の密度を示しています。堆積岩は、緻密になればなるほど密度が大きくなります。変成岩や火山岩でも堆積岩と同様に緻密になればなるほどその密度も高くなります。火成岩や変成岩では、鉄やマグネシウムなどの金属を多く含む有色鉱物の密度が大きいため、堆積岩に比べて高密度を示します。密度は、地震波速度との相関も高く、密度が大きくなると速度も大きくなります。

一・四・二では、このような地域的な密度分布の違いが、実際に測定される重力値と正規重力値の差（重力異常）として現れることについて説明しました。この重力異常から、その調査地域の地下の密度分布を知り、地下の地質構造を調査するのが重力探査です。

地下構造調査を目的とするときは、重力値があらかじめわかっている地点（基準点）と測定点の重力値の差がわかればよく、この差の測定には、重力計と呼ばれる図3―11のような精密なバネばかりが使用されます。基準点における重力値と、この基準点と測定点の間の重力値の差から、それぞれの測定点における重力値を計算し、測定時刻、重力計の地面からの高さ、測定点の緯度、標高、気圧、周辺の地形、地球の平均的な密度等からさまざまな補正を行い、重力異常を計算します。

地質構造と重力異常の関係を模式的に示したのが図3—12です。金属鉱物のような密度の高い物質を含む岩石が分布している場所では重力異常

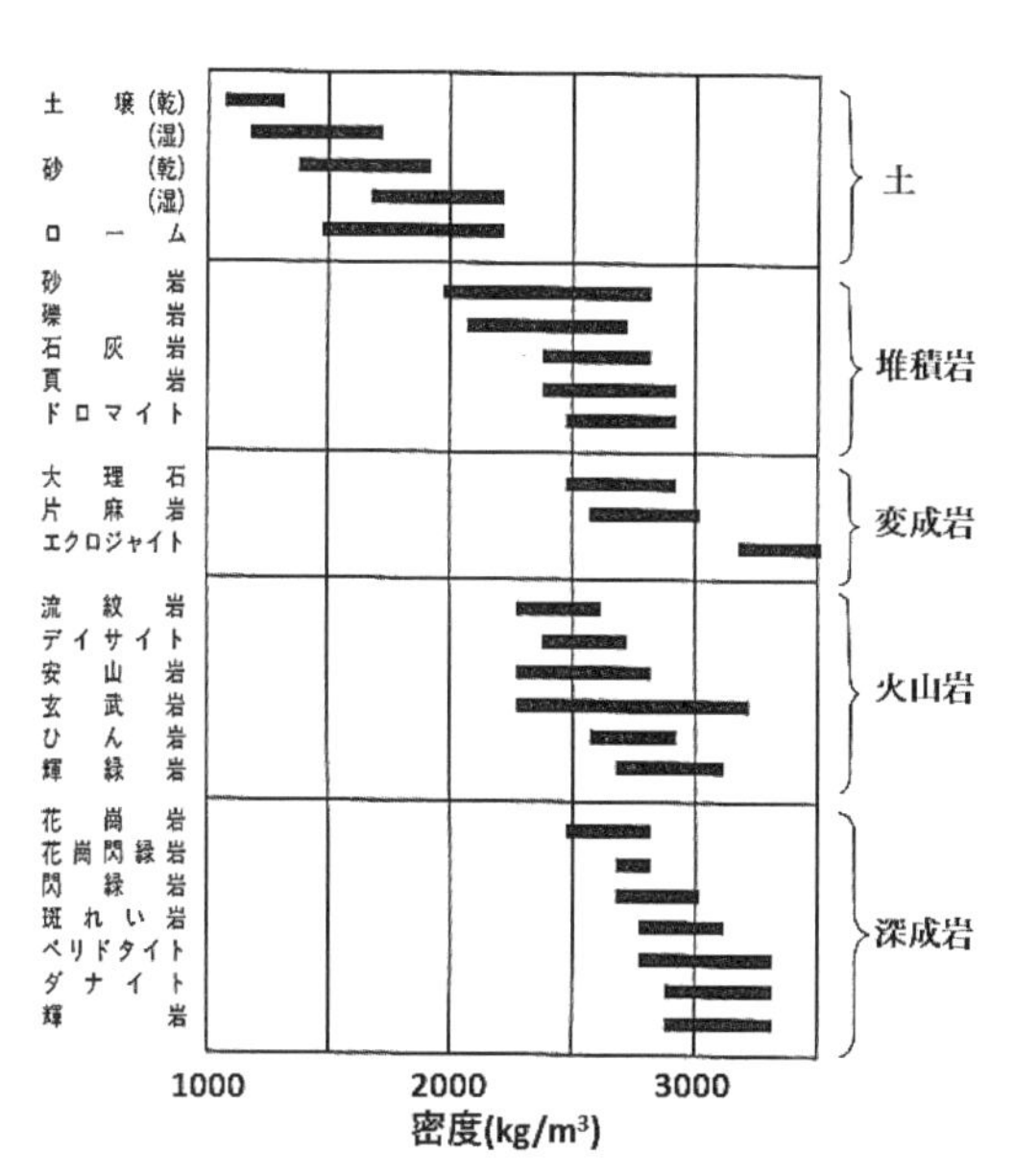

図３－10　岩石・鉱物の密度（物理探査学会、2016bに加筆）。堆積岩では緻密な岩石ほど密度が大きく、火山岩や変成岩では黒っぽい有色鉱物の含有量が多いものほど密度が大きい。

は大きくなります。密度の大きい岩盤が盛り上がっているような構造（背斜構造）をしている場合にも、深部の密度の大きい物質が地表近くにあるため、重力異常は大きくなります。金属や石油などの資源探査では、このような重力異常の大きい場所を見つけて、資源の存在する場所の候補地を絞り込みます。密度の異なる物質の境界に断層があり、密度の異なる岩石が接している場合、重力異常は急激な変化を示します。火山が噴火した後に、山体が陥没してできたカルデラの陥没構造を示す場所では、陥没を埋めている密度の小さい堆積物があるので、重力異常は小さくなります。地下に埋没したカルデラや断層の推定は地熱探査において極めて重要です。重力探査ではそれらを探すことができます。このように、重力異常の大きさやその形状から、地質構造や金属資源などの

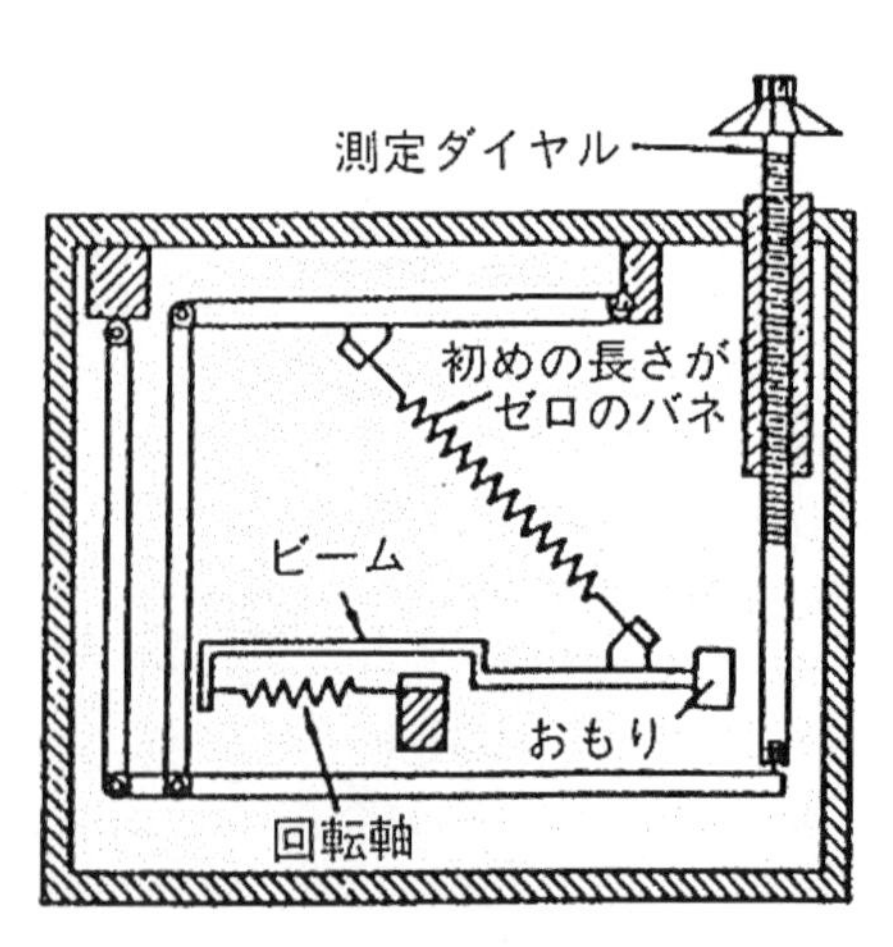

図３－11　重力計の概念図（物理探査学会、1989aより引用より）

物質を推定することができます。重力異常から地下の密度分布を求めるのには、三・一で述べたモデリングやインバージョンが用いられます。

三・四　磁気を使う方法（磁気探査）

地表付近の磁場は、世界各地の地磁気観測所のデータおよび地上・海上・航空機および人工衛星による磁気測定から得られた結果を基に、計算で求められた国際標準地球磁場（ＩＧＲＦ）により地球上のあらゆる場所で定められています。しかし、実際にその地点の磁気の強さを測定すると、一・五・二で述べたように地下の岩石の磁

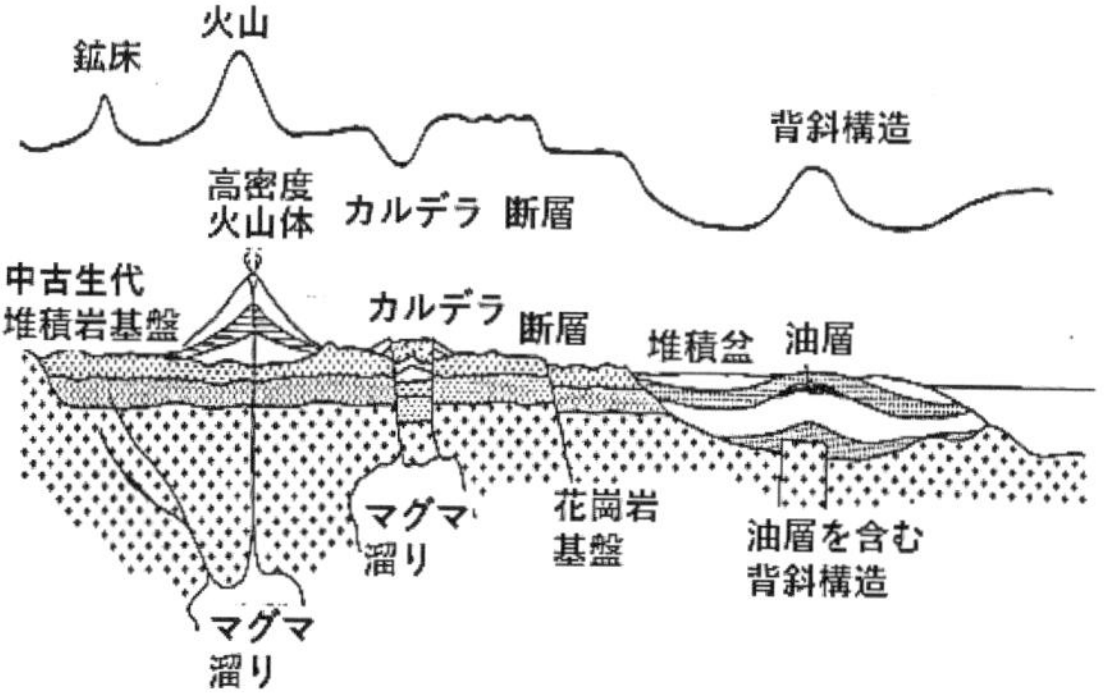

図３－12　地質構造と重力異常（図上部の曲線）の概念図（物理探査学会、2016cを修正）。金属鉱床、高密度火山体、背斜構造等のところで高重力異常、カルデラや堆積盆地等では低重力異常が見られる。断層による基盤岩の上下のずれは、重力異常の急激な変化として捉えられる。

化率の違いによって磁化の強さが異なるので、それによる磁場は標準磁場の値とは違った値が得られます。その違いを磁気異常と呼びます。磁気探査はこの磁気異常を解析することにより地下の磁性体の有無や形状を調べる手法です。

図3―13にさまざまな岩石の磁化率を示します。普通は堆積岩の磁化は弱く、磁気異常はほとんど現れません。それに対して、火成岩は磁化が強く高磁気異常を示します。火成岩の中でも特に強い磁化を持つ鉱物（磁鉄鉱など）を多く含んだ岩石は、

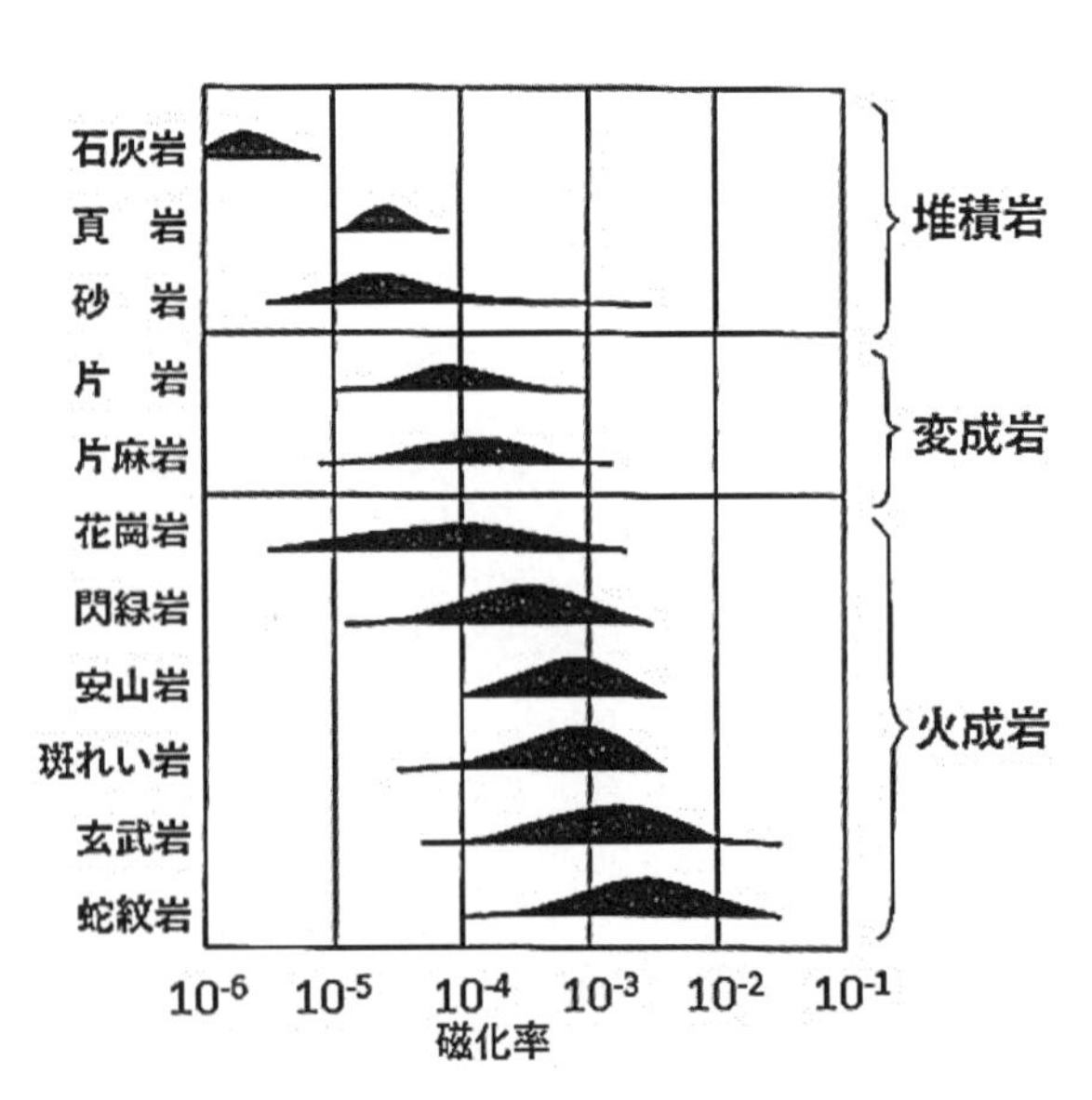

図3－13　岩石の磁化率（物理探査学会、1989bより引用より）。普通は堆積岩の磁化は弱く、火成岩の中でも強い磁化を持つ鉱物（磁鉄鉱など）を多く含んだ岩石は強い磁化を持ちます。

磁気異常が顕著です。強い磁化を持つ鉱物に富んだ変成岩の場合も同様です。

大きな磁化を持つ物質を強磁性体といいます。その大きさは温度を上げると減少し、ある温度で磁気を失います。この温度をキュリー点と呼び、地殻を構成し物理探査で対象となる鉱物ではだいたい三〇〇～五八〇℃の範囲です。磁化をもつ岩体の下限深度（キュリー点深度）を磁気探査により求め、地下の温度分布を推定することが可能です。キュリー点が浅い場所は、主要な火山地帯とよく一致します。

図3―14に、地質構造や岩石の分布などによって生じる磁気異常の概念を示します。磁気強度が大きいところが高磁気異常のところで、磁気異常の大きさや形状は、磁性体の持

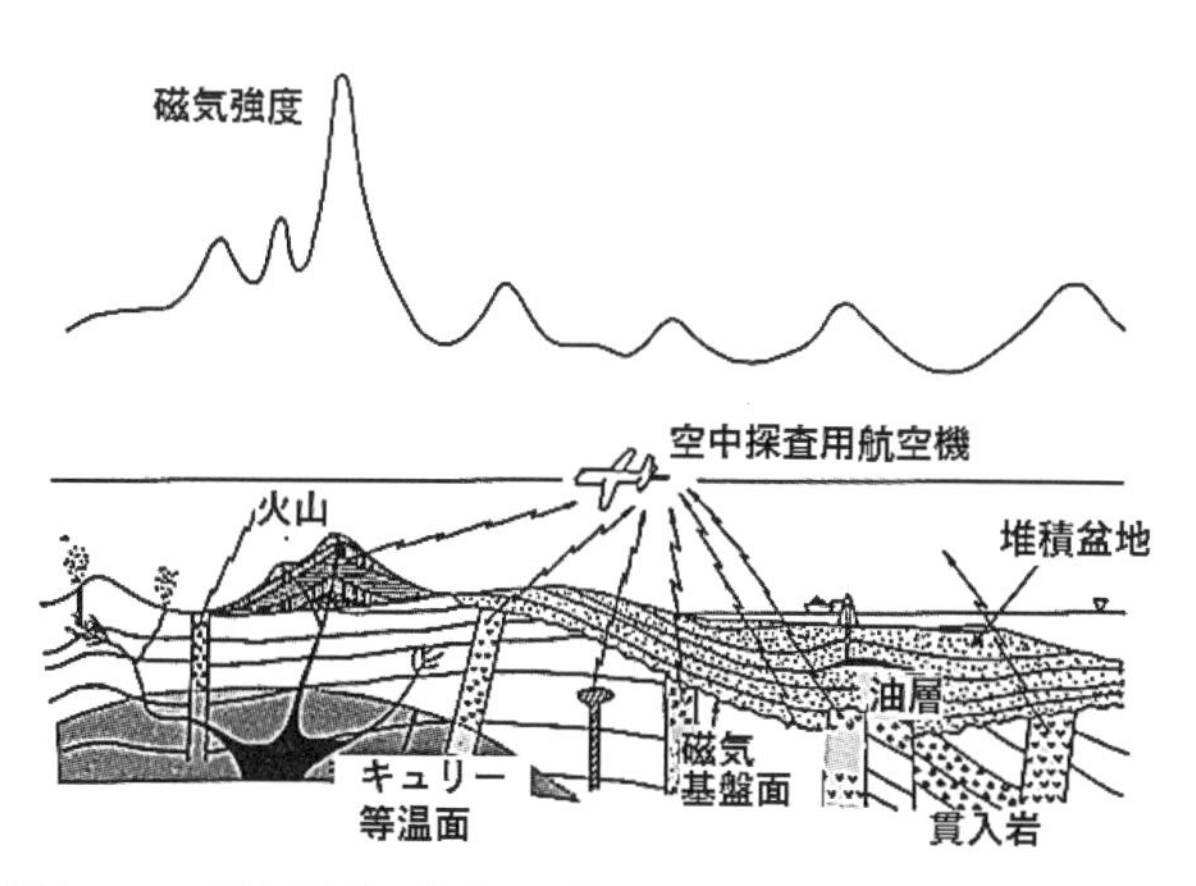

図3－14　磁気異常の概念図（物理探査学会、1989cを修正）。新しい火山や貫入岩のある所は高磁気異常が見られる。堆積盆地は低磁気異常になる。

つ磁化の大きさ・規模・形態・観測点との距離により変化します。地上に現れる火山は磁気異常が大きく、大きな磁性を持つ貫入岩は地下深部にある場合でも大きな磁気異常を示します。

磁気探査では磁場の強さを測定するために磁力計を用います。物理探査によく用いられているのはプロトン磁力計です。この磁力計は、磁場の中に置かれたプロトン（水素原子）がコマの回転のようなすりこぎ運動（歳差運動）をするときの周期が、磁場の大きさに比例するという性質を用いています。プロトン磁力計は、航空機や船舶に搭載して精度良く磁場の強さを測定することが可能であり、主に広域の探査を目的に使われます。磁場の三成分（水平二方向と垂直一方向）を測定できるフラックスゲート磁力計や磁気傾度計と呼ばれる小型の機器は地下浅部の鉄などの磁性体でできた埋設物や地雷、不発弾などの調査に使用されています。

三・五　電流を使う方法（電気探査）

電気探査は、地下に流れる電流により地表に生じる電位分布から地下の様子を調べる方法です。これには比抵抗法、強制分極（ＩＰ）法、自然電位（ＳＰ）法があり、目的に応じて利用されています。

電流により生じる電位分布は、地下の比抵抗分布に関わるので、地下にある岩石の比抵抗値に関して少し詳しく述べます。図3―15はいろいろな岩石について比抵抗値の範囲を示しています。比抵抗値の範囲は、密度や地震波速度に比べて桁違いに大きいことが特徴です。岩石を構成する代表的な鉱物の石英や長石、輝石などの鉱物は比抵抗が非常に高く絶縁体ですが、これらの粒子の間に塩分を含む地下水や海水が

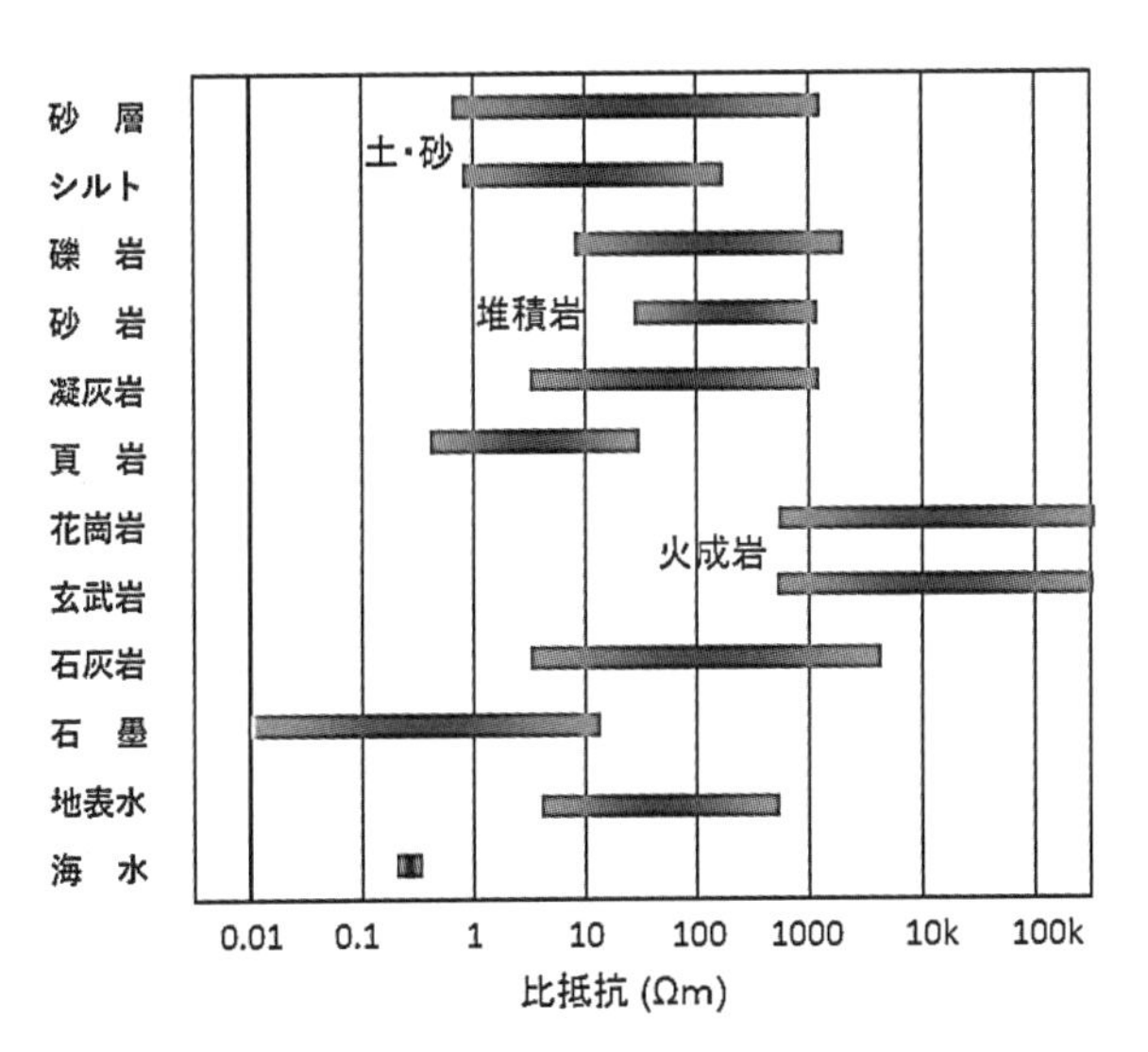

図3－15　岩石や水の比抵抗（物理探査学会、1989dを基に作成）。比抵抗値の範囲は、密度や地震波速度に比べて桁違いに大きいことが特徴です。岩石を構成する代表的な鉱物の石英や長石、輝石などの鉱物は比抵抗が非常に高く絶縁体ですが、これらの粒子の間に塩分を含む地下水や海水が含まれると、比抵抗値は大幅に低くなります。ここで示される比抵抗値は間隙に水が含まれる状態での値です。

存在すると、比抵抗値は大きく変化します。岩石が亀裂や間隙を多く持つようになると水を多く含み、比抵抗は低下します。水の比抵抗は温度によっても変化するため、岩石の比抵抗値も温度により変化します。したがって、比抵抗を測定すると、岩石の硬さや水の流れやすさ（浸透率）などを推定することができ、さらに、その岩石が存在する場所の温度や圧力も推定することができます。

三・五・一　比抵抗法探査

地下の物質の比抵抗を測るためには、図3―16に示すように、四つの電極を一列に一定間隔で地表面に設置します。電極には地面に突き刺した金属の棒を使います。比抵抗法電気探査においては、同図の電極A―B間に電流Iを流し、地面に生じるM―N間の電位差を測定します。四本の電極を用いるので四極法と呼ばれています。電流を流す電極間隔（A―B）が長いほど広い範囲に電流が流れますので、深い場所まで比抵抗を測ることができます。したがって、電極間隔を変えることにより、深さ方向の比抵抗分布を求めることができます。このように地下に電流を流して比抵抗を測定することにより、比抵抗構造（比抵抗値とその分布する範囲を示す）を探査する方法を比抵抗法と呼びます。電気探査の中で多くの用途に使われている標準的な方法です。

実際の地下の構造は必ずしも図3―16のような水平な層構造をしているわけではありません。地下の構造が水平方向に変化している場合には、図3―17に示すように多くの電極を配置して測定を行います。このような場合、（＋）と（－）の一対の電流電極、電位電極の片方を遠い点に置き、測線上では電流電極・電位電極のそれぞれ一本ずつ、一定の間隔で水平方向に移動させて測定することもできます。こうすることにより、ある一定深度の比抵抗の水平方向の変化を知ることができます。電極間隔を広くして測定することにより、電流の流れる範囲が広く深くなり、より深い所の比抵抗の水平方向の変化を求めることもできます。このような電極間隔の異なる測定を多くの組み合わせで行うと、地下の比

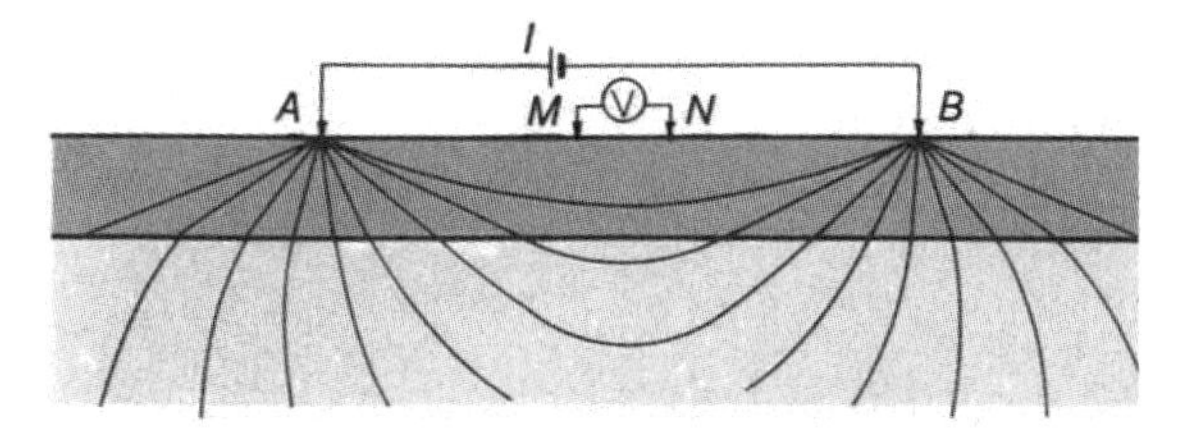

図３－16　比抵抗法の概念（物理探査学会、1989eより引用）。電流を流す電極間隔（A―B）が長いほど広い範囲に電流が流れますので、深い場所まで比抵抗を測ることができます。したがって、電極間隔を変えることにより、深さ方向の比抵抗分布を求めることができます。このように地下に電流を流して比抵抗を測定することにより、比抵抗構造（比抵抗値とその分布する範囲を示す）を探査する方法を比抵抗法と呼びます。電気探査の中で多くの用途に使われている標準的な方法です。

抵抗構造を水平的にも垂直的にも知ることができるので、二次元比抵抗法電気探査と呼ばれています。かつては、これらの組み合わせを一つずつ手動で行っていましたが、最近は、電極とケーブルを多数設置して、コンピューターで制御するようになりました。こうすることにより自動で電流電極と電位電極の組み合わせを選んで測定を行うことができるようになりました。

測定値として、電極位置・電流・電位差が取得され、まず、それを地下が均質と仮定したときの比抵抗に変換します（見掛比抵抗）。その分布は、地表で測定したときの地下の比抵抗分布を反映した測定値になり、その分布を説明できるような地下の比抵抗構造をインバージョン（三・一参照）で推定します。このような作業を経て、測線に沿った地下の比抵抗構造を得ることができます。

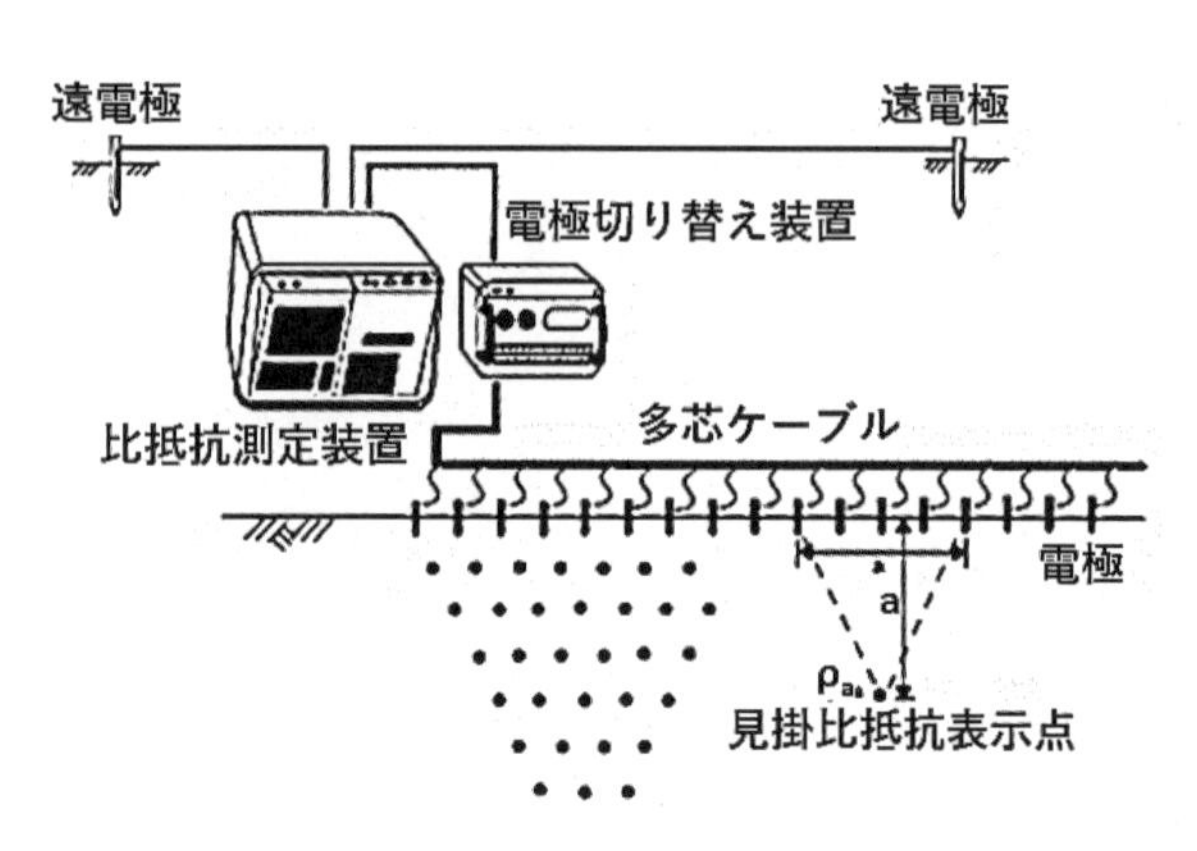

図３－17　二次元比抵抗分布を調べる比抵抗法（物理探査学会、2008を修正）

第二章で紹介したさまざまな比抵抗分布はこのように求められた結果です。

三・五・二　強制分極（ＩＰ）法探査

金属鉱物を含む岩石に電流を流すと、鉱物の表面と周囲の間隙水の間に電荷が蓄えられます。このとき鉱物内に（＋）と（－）が分かれる現象（分極）が起こります。この現象は、強制分極または誘導分極（Induced Polarization 略してＩＰ）と呼ばれ、これを測定する探査法をＩＰ探査と呼びます。図3―18に示すように、一対の電極から地面に加えた電流により、たとえば磁鉄鉱や黄鉄鉱などの金属鉱物粒子と間隙水との間に電荷が蓄えられます。電流を切ると、時間とともに蓄積していた電荷が放電され、それによる二次的な電流が鉱物の周囲に流れます。地表でこの二次電流の変化を測定することにより、その原因となった金属鉱物の量や分布状況を求めることができます。

粘土鉱物でも表面に電荷が蓄積し、同様の現象が起きることがあります。これにより、粘土の含有量や分布などを調べることができます。

分極の測定法には、一定の時間電気を流し、それを突然切断したときの蓄積電荷からの放電量の時間変化を測定する時間領域法と、低周波数と高周波数の電流に対する電荷の蓄積の違いから評価する周波数領域法があります。それぞれの測定法の様子を図3—19に示します。

三・五・三 自然電位（SP）法探査

自然電位（Self-potentialまたはSpontaneous-potential）法は、種々の自然現象に起因して地下に発生する電位を測定します。図3—20に示すように、その要因は主に次の三点です。

①地層に異なる成分の塩水が

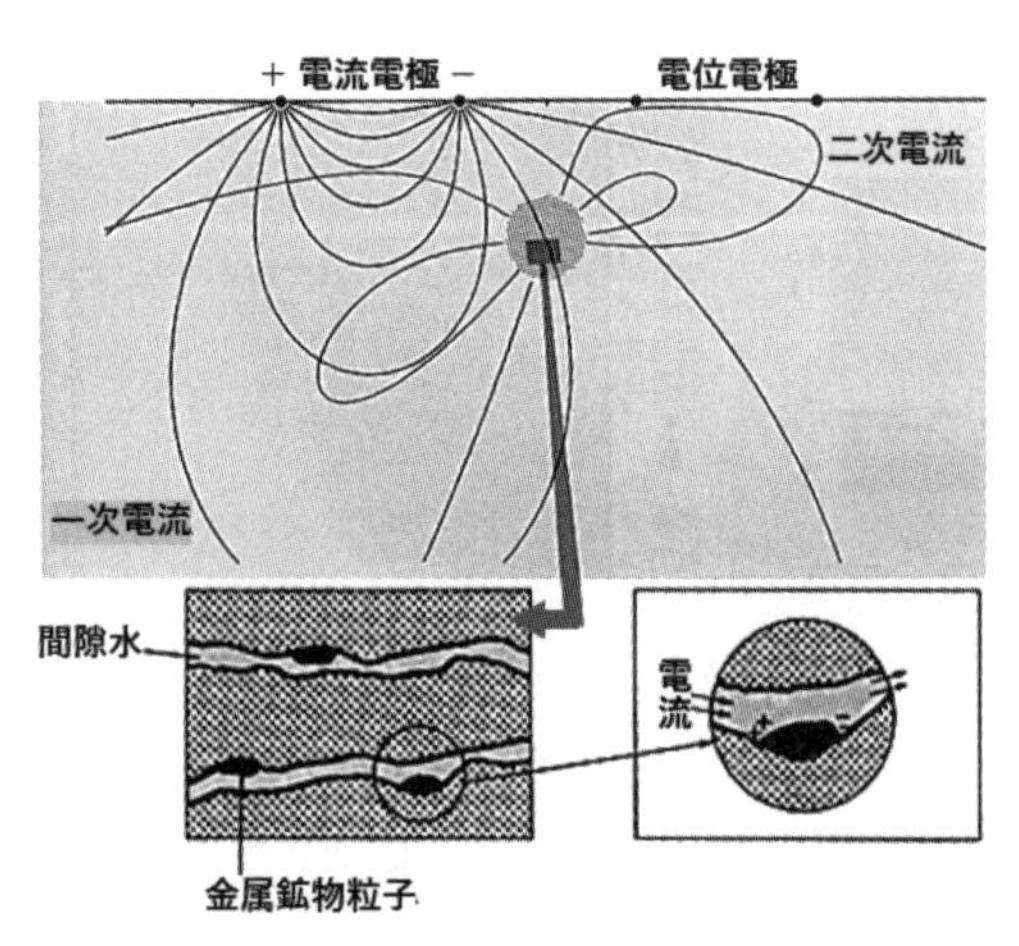

図3－18 IP法の原理（物理探査学会、1989fを改変）。一対の電極から地下に電流を流すと、磁鉄鉱や黄鉄鉱などの金属鉱物粒子と間隙水との間に電荷が蓄えられます。電流を切ると、時間とともに蓄積していた電荷が放電され、それによる二次電流が鉱物の周囲に流れます。二次電流の変化を測定することにより、その原因となった金属鉱物の量や分布状況を求めることができます。

含まれる場合、成分の陽イオンになりやすさによって電位差が生じる（拡散電位）。

②地下水が亀裂を上昇するように流れる場所では周囲より電位が高い値を示し、地下水が下降する場所は電位が小さい（流動電位）。

③地下に酸化した金属鉱床がある場合、鉱体は、普通は正（＋）の電荷持つので周囲は負（－）に帯電する（鉱体電位）。

自然電位の測定は簡単で、図3―21に示すように二極で一対の電極を地表に設置し、その間の電位差をデジタル電位計などで測定します。通常一点の測定は数分以内に終わるため、次々と電極を移動して測定する

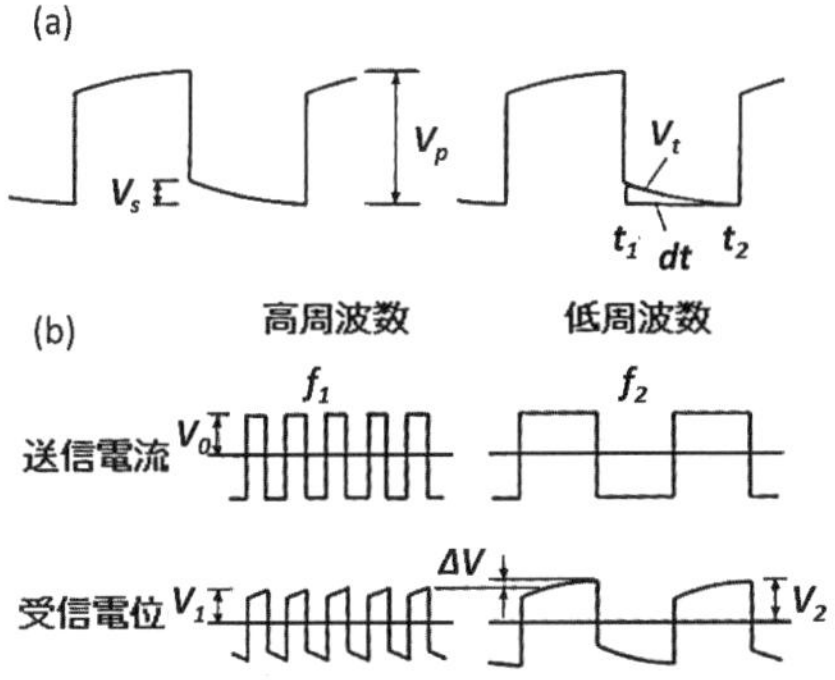

図３－19　IP現象の測定法。(a) 時間領域測定 (b) 周波数領域測定　(物理探査学会、1989gを修正)。一定の時間電気を流し、それを突然切断したときの蓄積電荷からの放電量の時間変化を測定する時間領域法と、低周波数と高周波数の電流に対するそれぞれの電荷の蓄積の違いから評価する周波数領域法があります。

ことにより広範囲の探査が可能です。同図（b）のように、比抵抗法電気探査で＋側と－側の電流を交代に流すときに、その基線が0からずれていることがあります。そのずれは自然電位によるものと考えられるので、これを自然電位の測定値とすることもできます。

三・六　電磁波を使う方法（電磁探査）

電磁波を使う方法のうち、電磁探査は前節で述べた電気探査と同様、地下の比抵抗分布を調べることにより地質構造や、地下に隠れ

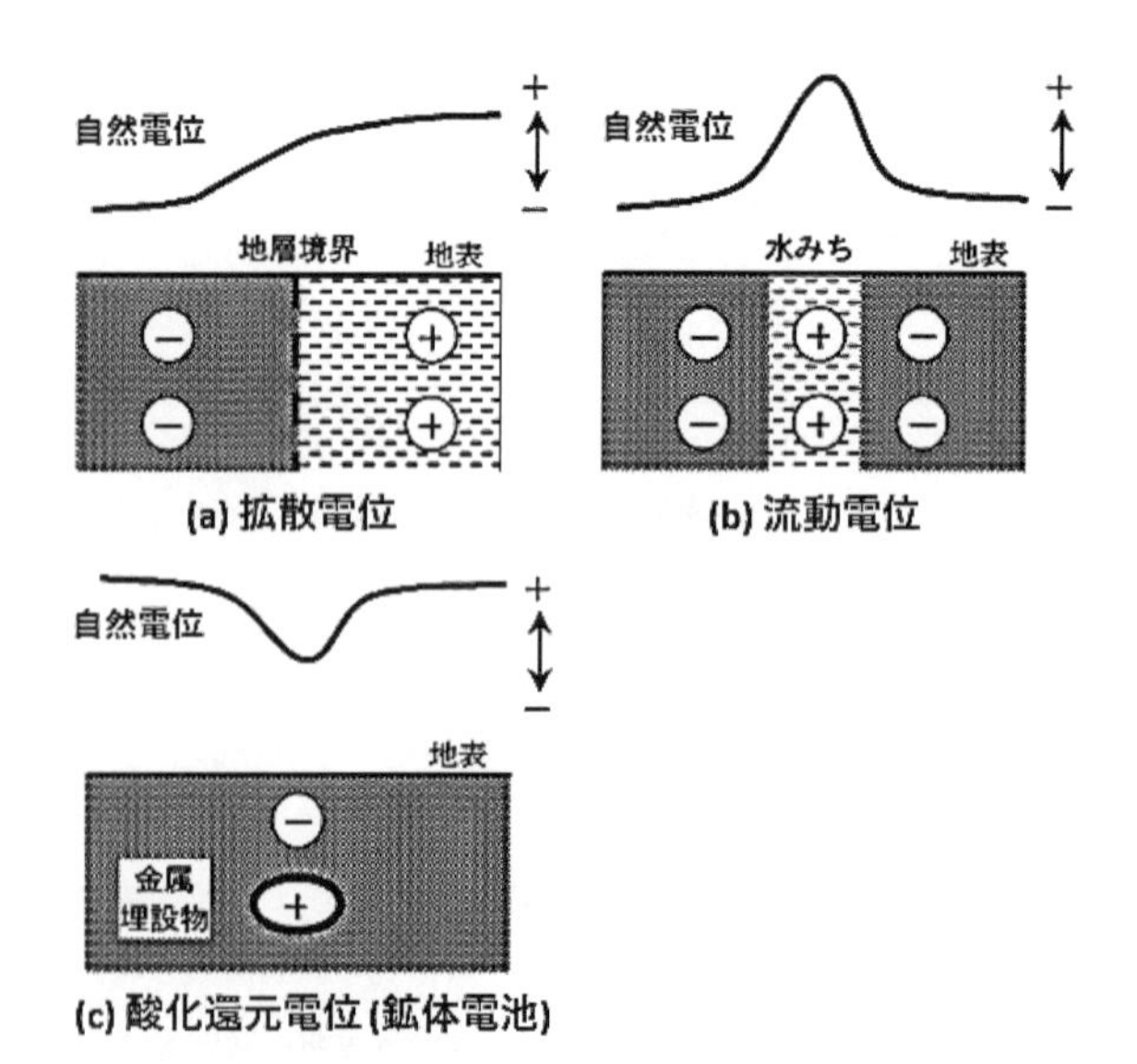

図3－20　自然電位の発生原因として、拡散電位、流動電位、酸化還元電位が知られています（物理探査学会、2008hを改変）。

ている探査対象の位置を調査することを目的としています。

一・四・四で述べたように、電磁波は、電場の変化と磁場の変化が互いに影響し合って進んでゆくため、地表に磁場を発生させるコイルを置けば、電気探査のように直接地表に電極を設置して電流を流す必要がありません。地表付近で磁場の変化が生じると地下に電場が誘導され、電磁波のエネルギーは地下に伝わっていきます。地中を伝わる電磁波はその地層の比抵抗の影響を受けるため、自然に発生した電磁波や人工的に発生させた電磁波を測定することで地下の比抵抗分布を調べることができます。

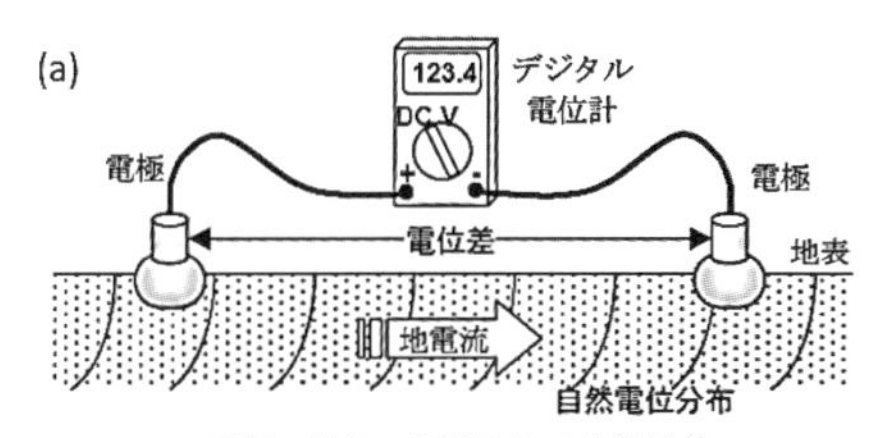

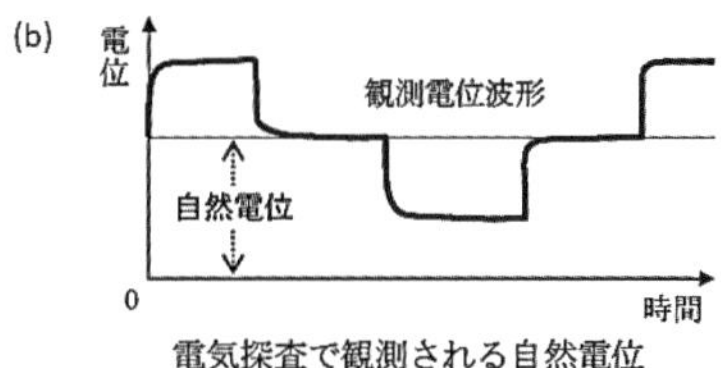

図３－21　自然電位の測定方法（物理探査学会、2008iを修正）。（a）は二極で一対の電極を地表に設置し、その間の電位差をデジタル電位計などで測定します。（b）は比抵抗法電気探査で＋側と－側の電流を交代に流すときに。その基線のずれから自然電位を測定します。

三・六・一　MT法探査

ＭＴ法は、自然の電磁場変動を信号として用います。図３―22に示すように、ＭＴ法は、太陽から噴き出した太陽風による地球の磁気圏の振動や雷活動等により発生する自然由来の電磁場変動を用いるので、信号源を必要としません。これにより、地下数㎞～数十㎞といった地下深部の探査や広域の探査に適しています。このことから、石油や地熱の探査によく用いられています。

ＭＴ法は、送信源が必要ないため、装置が軽くて済みます。ただし、電車や工場などの人工的に発生する電磁ノイズは、自然由来の電磁場の強度に比べると大きく、信号がノイ

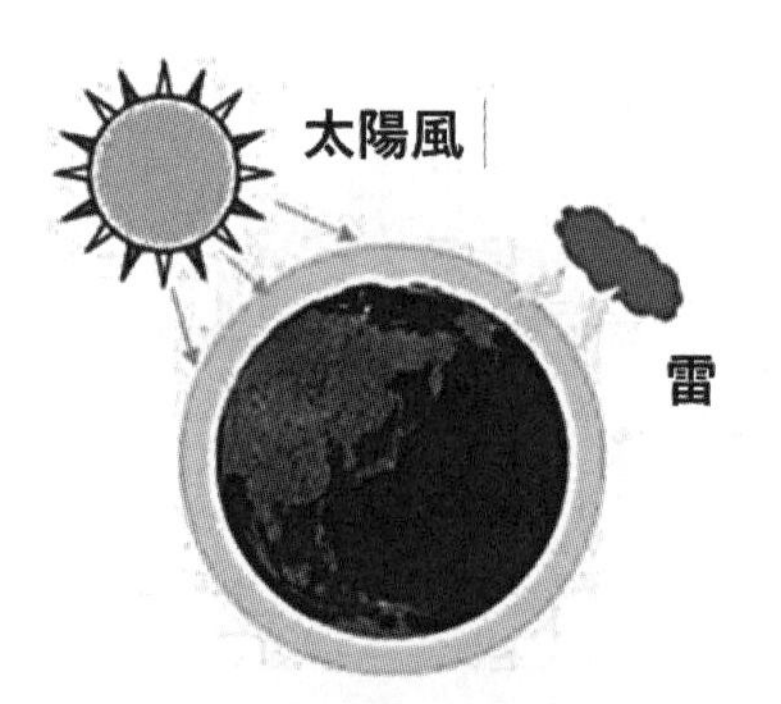

図３－22　MT法に使われる自然界の電磁波源（大里、2008を改変)。MT法の信号源となる主な自然現象は、太陽風（太陽から噴き出す高温の荷電粒子）と遠くで発生する雷と考えられています。

ズに埋もれてしまうことがあります。ノイズの少ない良いデータを記録するには、太陽活動が激しく電磁波の強度が比較的強い日や、人工ノイズの少ない夜間に測定する必要があります。さらに、長時間測定することによりノイズを減らす工夫も必要になります。

図３—23に示すように、ＭＴ法では、地表に東西方向と南北方向に設置したそれぞれ一対の電極間の電位差と、東西・南北・鉛直に置いたコイルで磁場を測定します。コイルは、細い筒に電線を数多く巻いたもので、磁場の強度変化を電圧の変化として測る装置です。

ＭＴ法の原理は非常にシンプルで、自然の電磁波源は十分に離れた所にあるため、上空から地表に入射する電磁波は平面波（水平方向にのみ振動する波）と見なすことができます。その場合、地表で観測された磁場と電場との強さの比（インピーダンス）およびそれらの波形の位相差（時間のずれ）から、測定する周波数に対応した

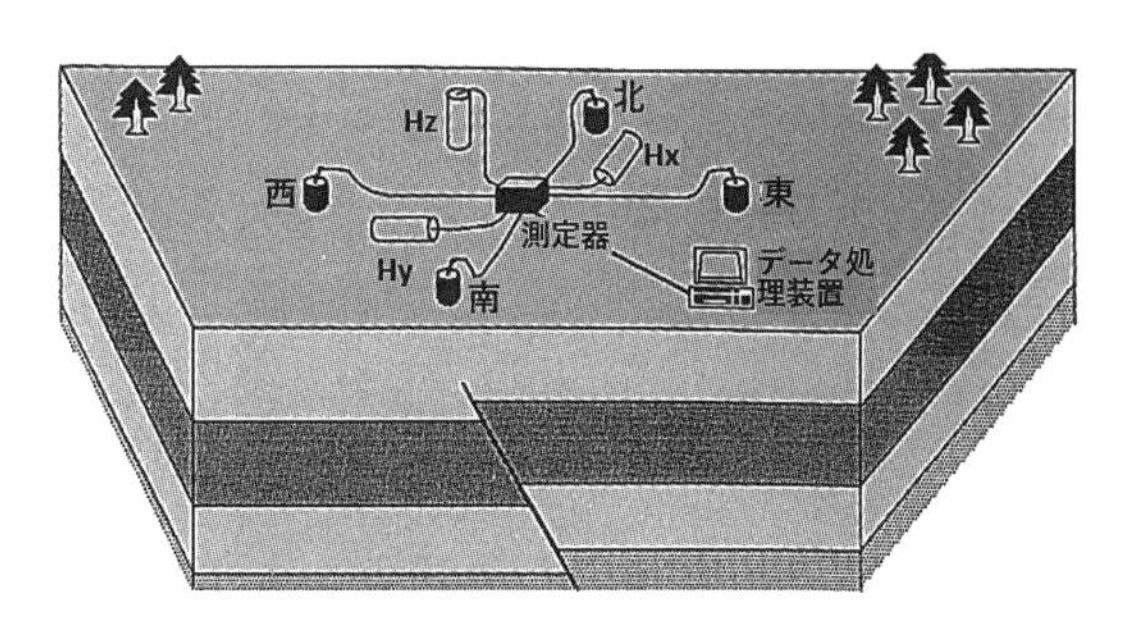

図３－23　MT法の測定機材の配置（物理探査学会、1989hを修正）。東西と南北方向の電場と磁場および鉛直方向の磁場とを測定します。

ある深度までの平均的な比抵抗を求めることができます。これを見掛比抵抗といいます。電磁波は、高周波数の電磁波は浅い所ですぐ減衰し、低周波数では深部まで減衰しないため、いろいろな周波数での電場磁場のインピーダンス・位相差を測定することにより、浅部から深部までの比抵抗値の深さ方向の分布（比抵抗構造）を求めることができます。このような測定値から地下の比抵抗構造を求めるにはインバージョン（三・一参照）を用います。

可聴周波数帯（二〇Hz〜二〇kHz）での同様の調査をＡＭＴ（Audio-frequency MT）法電磁探査と呼びます。図3—24に示すように、地表に置いた長い送信線（約二〜三km）の両端から人工的に可聴周波数帯の電流を流して

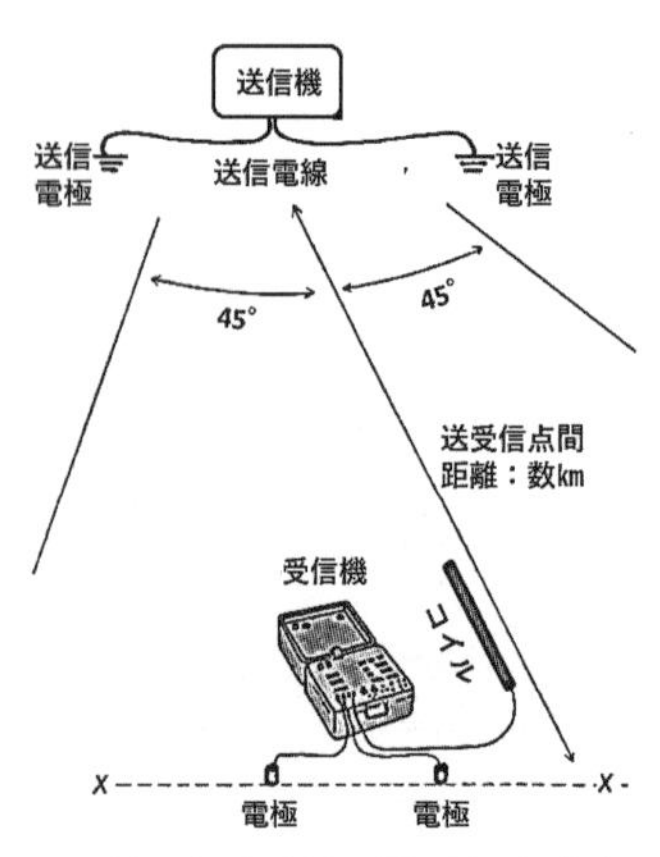

図3－24　CSAMT法の探査方法（物理探査学会、1989iを改変）。送信電極から地下に電流を流し、それにより地下に誘導される電場、磁場を通常数km位離れたところで受信します。

人工送信源として用いるＣＳＡＭＴ（Controlled source AMT）法と呼ばれる手法もあります。送信源からの電磁波がＭＴ法の前提である平面波近似が成り立つ必要があるので、送受信点距離を大きくとることや使用周波数はあまり低くできないなど測定上の制約条件がいくつかありますが、人工信号は安定している上、測定効率が良いため、限られた地域における通常深さ一・五㎞程度までの高密度で信頼性の高い探査が可能です。

三・六・二　ループ・ループ法探査

ループ・ループ法は、鉛直方向の磁場を発生させる水平のループ状のコイル二個を一組にして用います。地下数十ｍくらいまでの深さを探査する方法です。図３―25に示すように、二人でそれぞれコイルを水平に

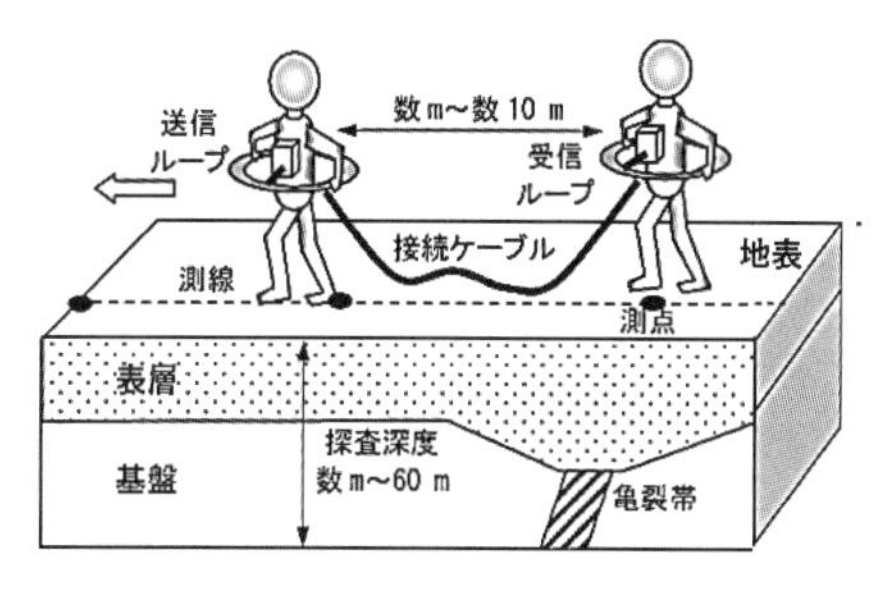

図３－25　ループ・ループ法探査の模式図（物理探査学会、2008jを改変）。二人それぞれで送信コイル、受信コイルを水平に持ち、観測点ごとに立ち止まって測定します。測定は通常数分以内に終わるため、次々と移動しながら短時間で探査することが可能です。

持って探査する場合、探査深度が深い場合は、二人の距離を離して、それぞれ送信コイルと受信コイルを持ち、観測点ごとに立ち止まって測定します。測定は通常数分以内に終わるため、次々と移動しながら短時間で探査することが可能です。浅い所に限る探査には、送信・受信コイルを一～二mの長さの棒状の容器に入れ、一体型とすることにより、一人でも探査可能です。コイルは普通、水平に配列しますが、送信コイルと受信コイルの向きを垂直に変える方法もあります。

三・六・三　過渡応答電磁法（TEM法）探査

過渡応答電磁法（TEM法）は、図3―26（a）に示すような断続的かつ周期的に発生した信号を用います。地面にループ状に敷設した電線に電流を流すと、電磁誘導によって地下に鉛直磁場が発生します。送信電流を急に切断すると、急激に磁場が消失します。すると、この磁場の消失を阻止するように、その周りに電流が流れます（同図（b））。これを渦電流といいます。その渦電流により誘導された二次的な磁場は、渦電流の減衰に伴い減少します。その減少の様子は地下の比抵抗分布を反映しています。この二次磁場の変化を、コイルなどを用いて観測すると減衰波形が得られます（同図（a）の受信波形）。この減衰波形の形状から地下の比抵抗分布を推定することができます。

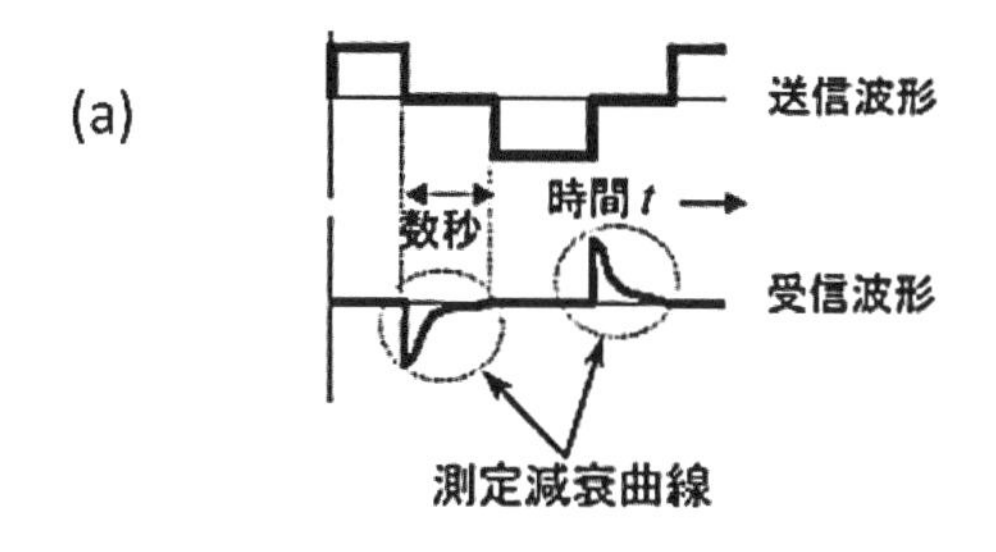

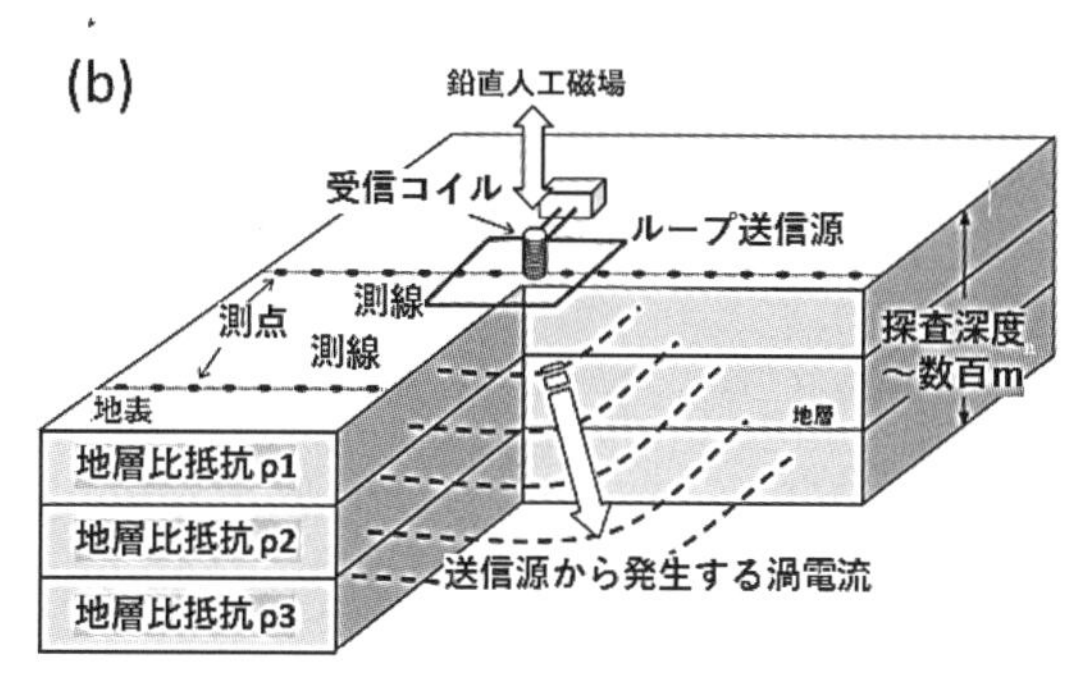

図３－26　TEM法の原理と探査方法（物理探査学会、2008kを改変）。地面にループ状に敷設した電線に（ａ）図の波形の送信電流を流すと、電磁誘導によって地下に鉛直磁場が発生します。送信電流を急に切断すると、急激に磁場が消失します。すると、この磁場の消失を阻止するように、同図（ｂ）のようにその周りに電流が流れます。これを渦電流といいます。その渦電流により誘導された二次的な磁場は、渦電流の減衰に伴い減少します。その減少の様子は地下の比抵抗分布を反映しています。

ＴＥＭ法は、環境・防災・建設などの分野で、比較的浅い部分の探査から、金属資源・石油・地熱などの深部の探査まで広く用いられます。減衰する波形をそのまま記録するためノイズの識別は容易ですが、複雑な地形や地表付近の障害物（電流を通しやすい金属など）の影響を受けやすいことに注意が必要です。

ＴＥＭ法は過渡現象を利用するTransient Electromagnetic法の略称ですが。減衰波形の時系列データを利用することからTime Domain Electromagnetic法（ＴＤＥＭ法、時間領域電磁探査法）と呼ばれることもあります。

三・六・四　空中電磁法

空中電磁法は、航空機に探査機材を搭載して探査を行います。測定原理は陸上におけるループ・ループ法（三・六・二参照）電磁探査法と同じで、小型化された送信機と受信機を小型航空機に搭載して探査を行います。ヘリコプターの場合は、機体から三〇ｍほどのロープで吊り下げられたバードと呼ばれる翼のついた円筒状のケースの中に送受信機を格納して飛ばしています。その先端に送信コイル、後端に受信コイルが配置されています（図3―27）。近年では小型の無人飛行機やドローンに送受信機を搭載する、あるいは、受信機のみをドローンに搭載し、送信源を陸上に設置する探査も実施されています。

空中電磁探査の最大の利点は、人の立ち入りが困難な場所でも探査できる点にあります。さらに、高速で飛ぶ航空機を用いるため、広い範囲を短時間で探査することができます。海外では、飛行機を用いて時速二〇〇km くらいの速度

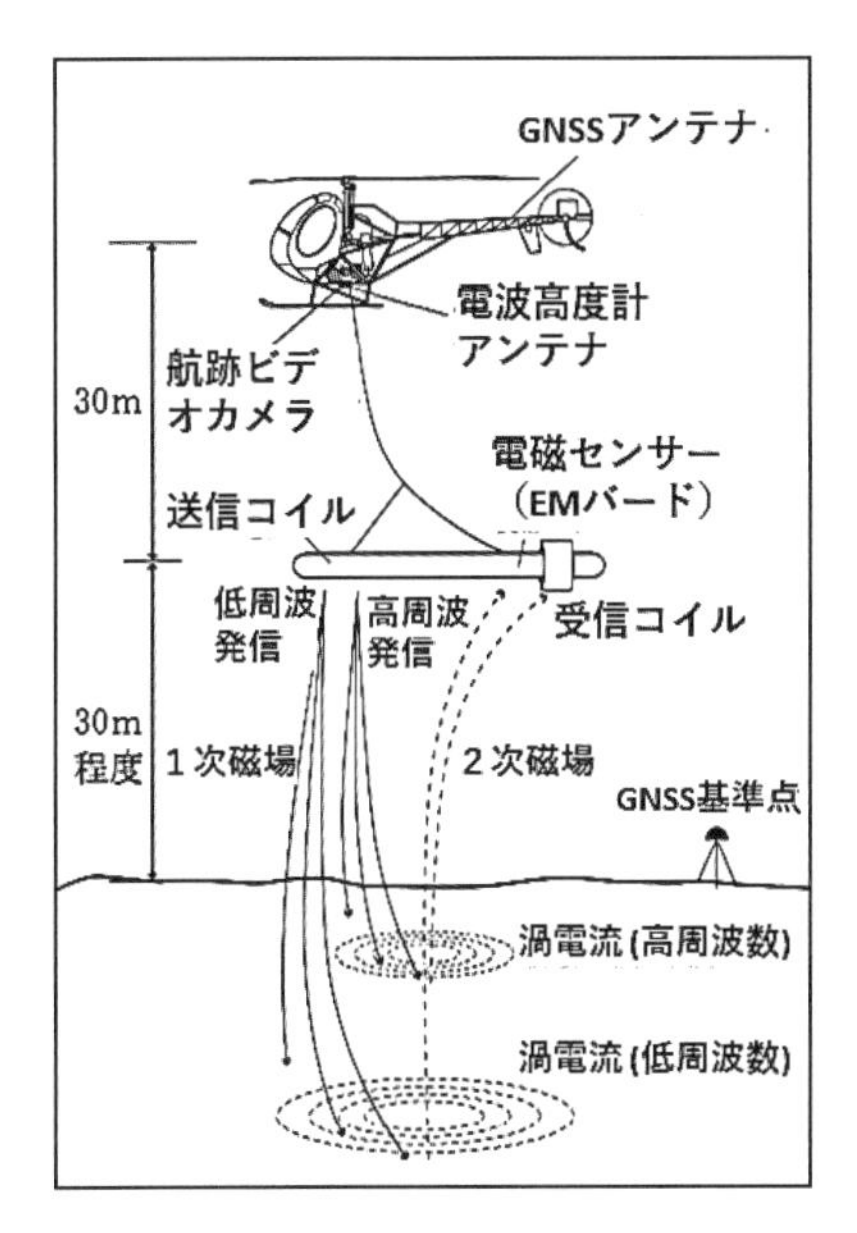

図３－27　ヘリコプターによる空中電磁法の探査方法（物理探査学会、2008より引用）。バードに搭載された送信コイルから低周波から高周波までの電磁波を地下に送信すると（１次磁場）、それにより誘導される渦電流が地下の比抵抗構造に応答して流れます。それにより生成される誘導磁場（２次磁場）が空中の受信コイルで測定されます。

で、一〇〇〇㎢に及ぶ広範囲にわたって、金属鉱床や石油貯留層の兆候を探す探査が行われています。国内では、ヘリコプターを用いて時速五〇㎞くらいで飛行して、金属鉱床による表層の変質帯、地熱貯留層上の表層に広がる変質地域、斜面で立ち入りが難しい地すべり地の調査などに使われています。

空中電磁探査の探査原理は、いくつかの周波数ごとに測定する場合は、ループ・ループ法と同様です。一方、過渡現象を利用する場合は、送信する鉛直磁場を切断することによって生じる渦電流による二次磁場を減衰波形として受信します。この探査原理は、三・六・三のＴＥＭ法と同様です。

三・六・五　海底電磁法

海底下に存在する石油・天然ガスやメタンハイドレート・海底熱水鉱床などの資源探査や、大地震を起こすプレート境界の構造を探るために、海底電磁探査が使われます。海底下の地下構造を調べる探査は反射法地震探査が主に使われていますが、石油・天然ガス貯留層での水の存在、熱水鉱床での金属鉱物含有量、プレート境界域での水の分布等を知るためには比抵抗構造を調べることが有効であり、近年海底電磁探査も注目されてきました。

海底電磁探査にもさまざまな探査法があります。主として図3—28に示すような、二つのタイプが使われています。一つは海底に電場・磁場を測定するＯＢＥＭ（Ocean Bottom Electromagnetic）を置き、ＭＴ法と同様に自然由来の電磁現象により発生する電磁場を測定する方法です。この方法は、プレート境界域の探査などのように地下数十㎞にも及ぶ深部の探査に使われています。ただし、長期間の測定時間が必要で、場合によっては数か月かかる場合もあります。

もう一つの方法は、船舶で曳航しながら測定する方法です。船舶から海中にケーブルで接続された送信機と多数の受信機を用います。探査できる深度は一㎞以内に限られますが、広範囲の探査が可能であるため、資源探査に

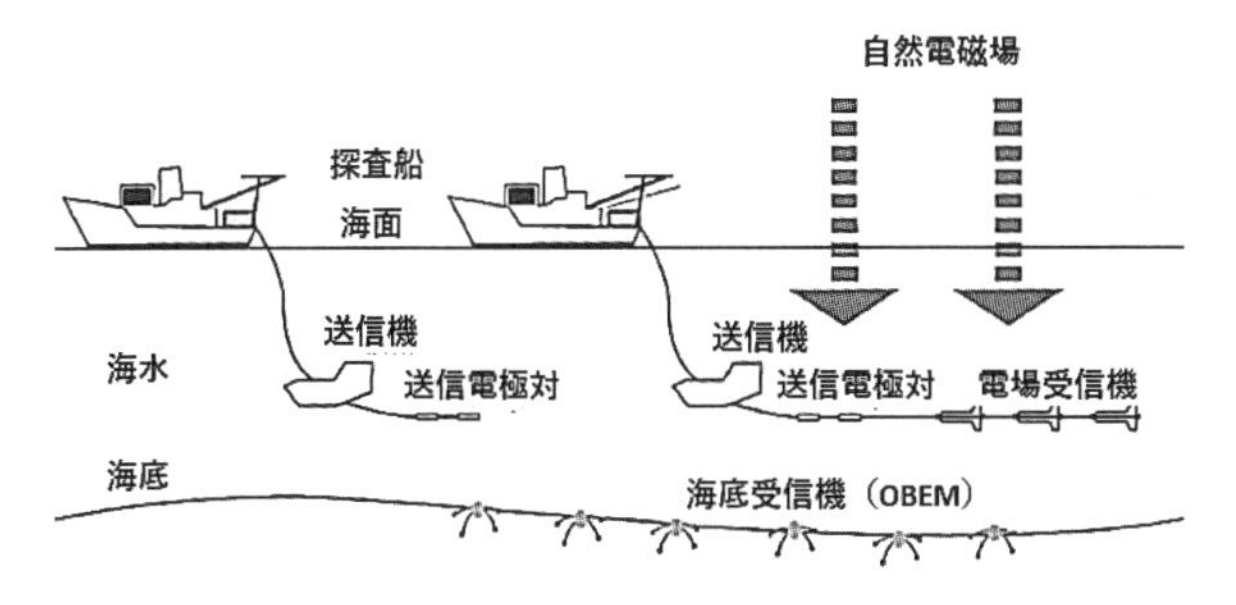

図3－28　海底電磁法の概略図（物理探査学会、2016dを修正）。海底電磁探査には、①海底に電場・磁場の測定装置OBEM（Ocean Bottom Electromagnetic）を置きMT法と同様に自然由来の電磁現象により発生する電磁場を測定する方法と、②船舶で曳航しながら海中にケーブルで接続された送信機と多数の受信機を用いて測定する方法とがあります。

はよく使われています。

三・七　高い周波数の電波を使う方法（地中レーダー）

地中レーダーは、電磁探査に比べるとずっと高い一〇メガHz以上の周波数の電波を使います。このような高い周波数では、地中における電波の反射・屈折・透過などの物理現象を利用して地下構造を探査することができます。地中レーダーと同じく波動の反射・屈折・透過を利用する地震探査の場合は、主に地下の地震波速度の違いを捉えて地質構造や地下の構成物質を推定します。これに対し地中レーダーの場合は、地下の誘電率の違いを捉えています。誘電率が異なると境界面での電波の反射率と透過率が異なります。

水の誘電率は他の物質に比べて大きいため、水があると誘電率は大きく変化します。さらに水を多く含む地層では伝播する電波の減衰が大きくなります。電波は、比抵抗が低いほど減衰が大きいという性質があります。植物などの有機物が腐食してできた泥炭などの有機質土なども電波の減衰が大きい物質です。このような場合が想定されるときは、地中レーダーの適用をよく検討しなければなりません。

探査法の概要を図3―29に示します。地表に置いた送信アンテナから電波を地下に送り、地下の誘電率が異なる地層からの反射波を地表の受信アンテナで受けて記録します。反射面の形状から地下構造を推定できます。

地中レーダーの最大の特長は、地下浅部の地下構造を高い分解能で探査できることです。地下数mより浅い所にある空洞・埋設管・埋蔵文化財（遺跡や異物の総称）の調査に利用されています。

図3―30は、空洞を模した発砲スチロールと鉄パイプを埋設した道路上で得られた地中レーダーの記録です。凸状の反射面としてこれらの物体が認識されます。

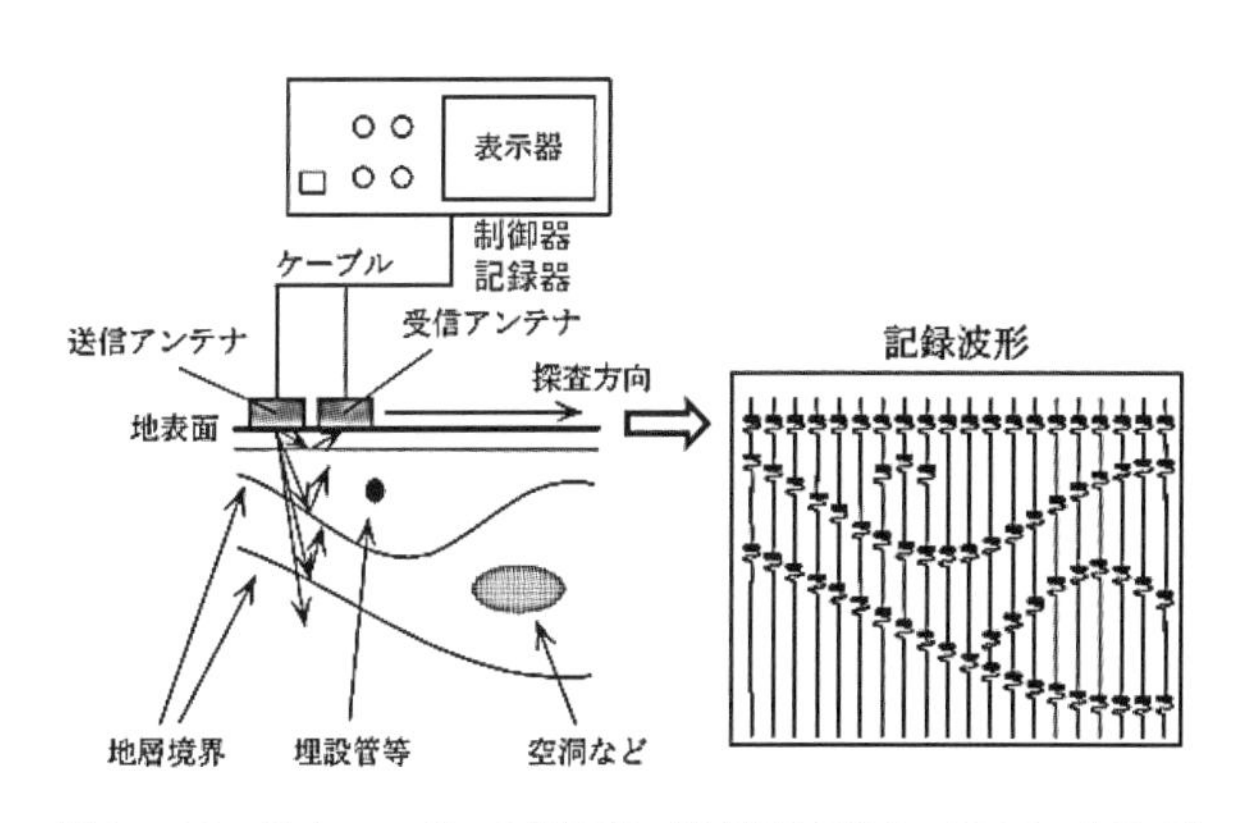

図3－29　地中レーダーの探査法（物理探査学会、2008mを改変）。地表に置いた送信アンテナから電波を地下に送り、地下の誘電率が異なる地層からの反射波を地表の受信アンテナで受けて記録します。反射面の形状から地下構造を推定できます。

三・八　光を使う方法（リモートセンシング）

一・二で可視光についてお話ししました。遠く離れた上空から地表を眺めると非常に広い範囲を見ることができます。それと同様に人工衛星を用いて地表面から反射・放射される光の周波数帯域の電磁波（可視・近赤外域／熱赤外域）を観測することにより、広域を探査することができます。電波の帯域であるマイクロ波を使う方法もあります。この探査はリモートセンシングと呼ばれています。リモートセンシングとは、遠隔から探査するという意味です。この探査法は、太陽光や火山等の地熱地帯から放射される熱赤外線といっ

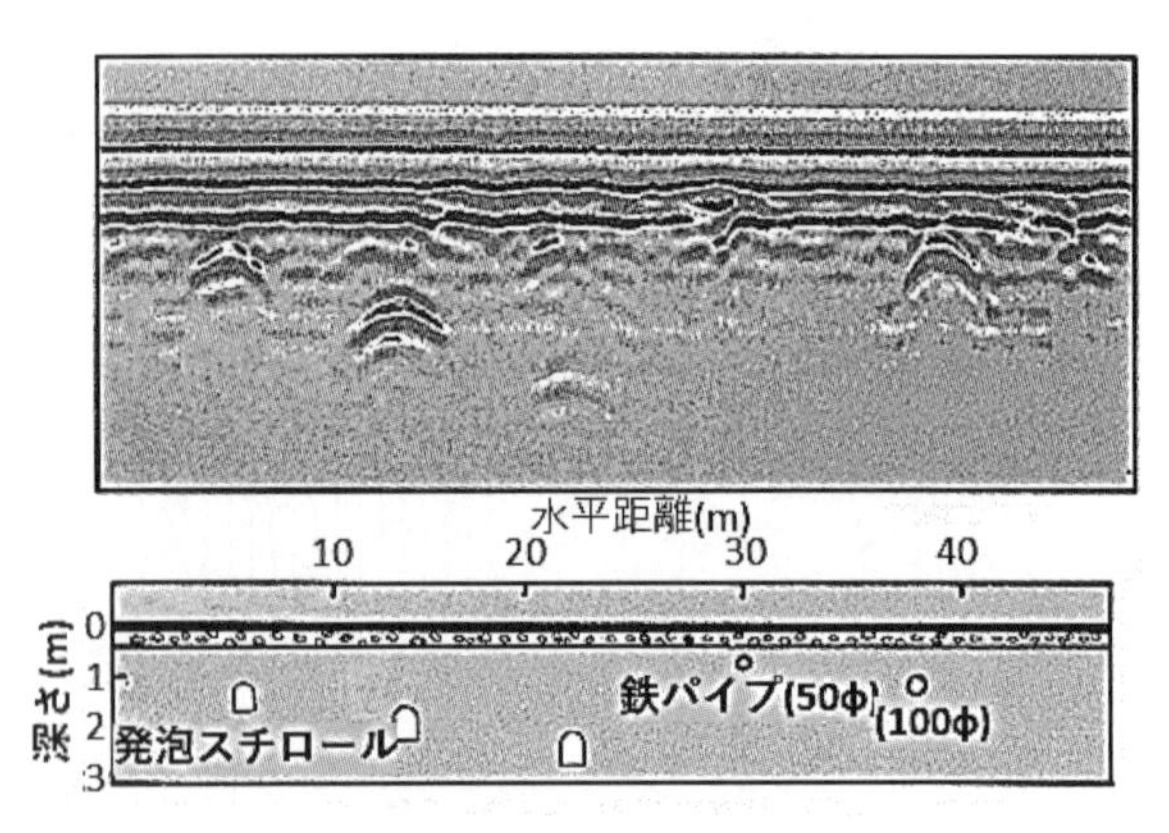

図３－30　空洞・埋設管の調査例（物理探査学会、1989jを修正）。空洞を模した発砲スチロールと鉄パイプを埋設した道路上で得られた地中レーダーの記録です。

た自然の電磁波を受ける受動型と、人工的に発生させた電磁波の反射波を測定する能動型の二つの方法に分けられます。受動型リモートセンシングでは、可視・近赤外熱赤外域と呼ばれる高周波帯域を利用します。この周波数帯域で使用される、自然に地表付近から発生している電磁波を測定する受動型センサーを光学センサーと呼びます。自らが電磁波を射出して地面からの反射を観測する能動型リモートセンシングでは、大気中の雲などを通過する三ギガHz程度のマイクロ波が使われます。これに使用されるセンサーを光学センサーに対してマイクロ波センサーと呼びます。

リモートセンシングのデータを用いて、地形や地質情報の抽出が可能となります。主要な対象としては、微妙な地形の起伏の判別、地質構造を解釈する上で重要な断層や断裂など線状地形（リニアメント）の抽出があります。線状地形は活断層の抽出にも重要です。（二・七・二参照）他にも植生や地表面付近の水分の違いや岩石の種類など、地表の物質の推定ができます。植生や地表面付近の水分の違いや岩石の種類などによって、それぞれ固有の周波数を反射します。同じ岩石でも風化や浸食の度合いの違いによって画像の粗さ（肌理）の違いとなって現れます。

リモートセンシングの適用分野は様々です。資源探査の分野では、石油貯留層の可能性がある堆積盆地の地質構造解析や、石油掘削後に石油が地表に漏出した場合の検知に利用されます。金属鉱床地域において、熱水が地層中の割れ目に入って粘土化することがありますが、このような変質が起きる熱水変質帯の解析、乾燥地域における水資源探査にも威力を発揮します。

図3—31は熱帯雨林地帯における地質構造解析の結果です。同図（b）では雲の影響を受けていないため、植生に覆われている（a）では不鮮明であった地質構造や表面の地形や地質による肌理の違いが明瞭に見えています。同図（b）から抽出した地質構造を推定する基本となる断層を含むリニアメントや、地層がお椀を伏せたように屈曲した背斜構造、背斜とは逆に凹んだ形状の向斜構造を表示した解釈結果が図（c）です。同図ではリニアメントを基に地質的な区分けを行っています。

三・九　放射能を使う方法（放射能探査）

岩石や鉱物中には天然放射性同位元素（カリウム・ウラン・トリウム）がごく微量含まれています。カリウムは、水などに溶けて地表近くまで達します。ウランやトリウムは放射壊変し、気体であるラドンとなって表層に移動し、さらに壊変してそれぞれビスマスやタリウムとして蓄積します。それがさらに壊変する際にガンマ線を放出します。

放射能探査では、これらの元素が放出するガンマ線をシンチレーションカウンタという検出器を用いて測定します。シンチレーションとは放射線が物体を通過するときに発光する現象のことです。この光を捉えて放射線の数をカウントします。シンチレーションを数えるのでシンチレーションカウンタと呼ばれます。元素ごとのガンマ線の強度やエネルギー分布は、ガンマ線スペクトルメータにより測定することができます。これにより、

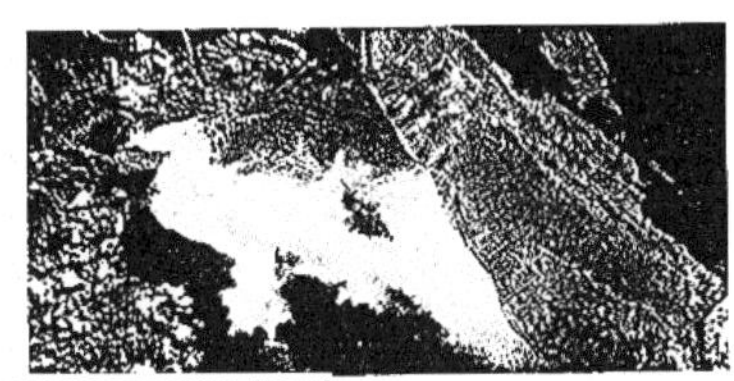

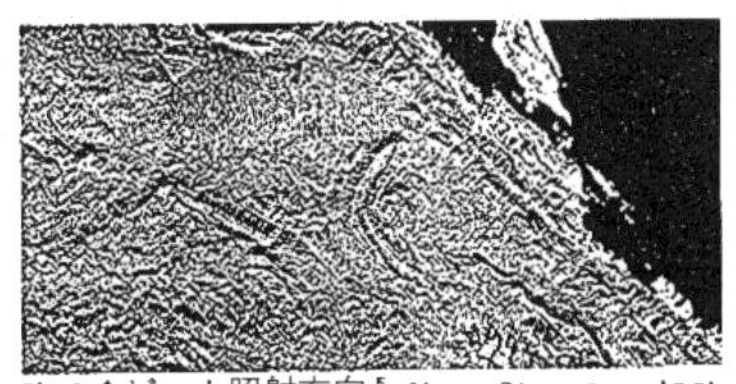

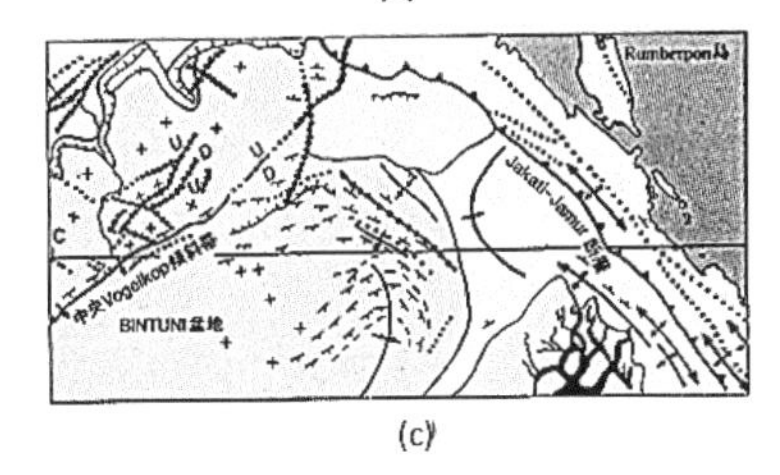

図３－31　熱帯雨林地帯の地質構造解析への衛星画像の適用（物理探査学会、1989kを修正）。(a)：インドネシアの熱帯雨林地域における光学センサー（MSS）画像、(b)：レーダー画像（SAR）、(c)：(b) を用いた地質判読結果。

放射性鉱物の分布や地下構造を調査するのが放射能探査です。図３—32にその概要を示します。

放射能探査は、核燃料の原料となるウランの探査だけでなく、断層破砕帯、温泉や地下水、地すべり調査などにも応用されています。断層などの地下の破砕部に沿って、放射性物質が地下水と一緒に移動すると考えられているためです。

実際の測定では、全エネルギーの総量を測るシンチレーションカウンタやガンマ線スペクトルメータを人が持ち運んで測定します。検出器を車に装着したり、ヘリコプターから吊り下げたりさまざまな

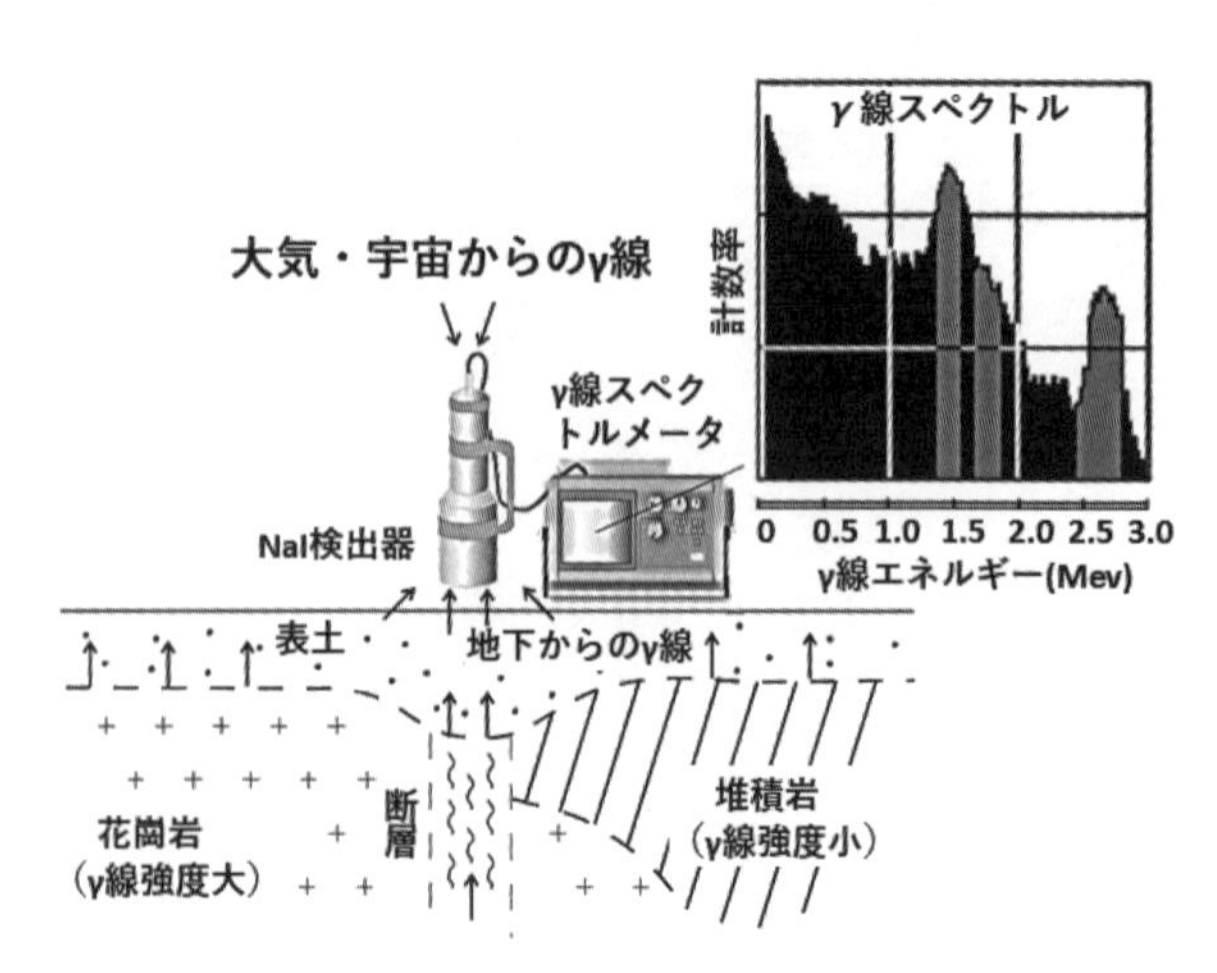

図３－32　ガンマ（γ）線スペクトルによる放射能探査の概要（物理探査学会、2008nを改変）。γ線スペクトルメーターにより、元素ごとのγ線の強度やエネルギー分布が測定されます。これにより、放射性鉱物の分布や地下の岩質や破砕状況を調べることができます。

移動方法で測定することもできます。放射能探査の場合、測定に時間をかければかけるほど精度は向上します。測定に時間をかけられないヘリコプターで測定する場合は、計数効率の高い大きな検出器を用い広範囲を概略的に探査します。人が持って測る場合は、狭い範囲を精密に測定することになります。

終章

この本を読んでいただいた皆さまには、地下がいかに私たちの生活に深く関わっているのかご理解いただけたかと思います。長い地球の歴史を反映して形成されている地下環境を知ることは、地下を利用するためには大変重要であることも理解していただけたのではないでしょうか。場所ごとに異なる地下環境の違いやその変化を知ることも重要です。その地下環境を理解する科学的手段としての物理探査が、社会の基盤を支える技術として広く利用されていることを認識していただければ幸いです。

私たち地球に暮らす生命は、太陽からのエネルギーをもとに地表で生活を営んできました。地下にある資源を利用して文明を開き、より良い生活を成り立たせることに対して人間は努力を積み重ねてきました。地下資源の利用はその一つですが、その地下資源は地球の気の遠くなるような長い歴史の中で蓄積されてきた私たちの財産です。地下資源には限りがあり、大切に使っていかないと、やがては枯渇し、文明は行き詰まることになります。限界が見えてきた地下資源もあり、有効利用やリサイクルをより一層考えていかなければならない時代になりました。気候変動・異常気象など環境への影響が大きい温室効果ガスを放出しないように、資源の使い方を考えることも急務です。

地下空間を生活や移動の場として利用する営みも、今後ますます盛んになるでしょう。私たちの地下利用を支える技術としての物理探査は、今後ますます進化させていかなければなりません。最近の電子機器やコンピューター技術の発達により、現場で取得する物理探査データは質・量ともに大きく進歩しました。コンピューター技術の発達によって、物理探査で得られた情報から三次元の地質構造モデルを得られるようになってきました。三次元空間に住む私たちにとっては、三次元の地質構造モデルができることにより、地下を直感的に、わかりやすく理解できるようになったわけです。こうした最先端の技術を基にして、物理探査もより確かな地下に対する理解の手段として発展させなければなりません。本書を通じてより多くの方が、物理探査というこの最先端技術に興味を持っていただければ幸いです。特に若い方にも参画していただき、今後の技術の発展のために一緒に地下を診るおもしろさを共有できれば、私たちにとってこれに勝る喜びはありません。

さらに勉強したい方に

物理探査に興味を持ち、さらに勉強をしたいという方には、次のような参考書があります。

物理探査学会編：図解物理探査、物理探査学会、一九八九

物理探査の技術をカラー図版を使って解説しています。発行年度は少し古いですが、二〇〇八年にe-book化されると、CD版はあっという間に売り切れるほど好評でした。現在は物理探査学会のHPで公開されています。

http://www.segj.org/~kashima_admin/bookdata/04/index.html

物理探査学会編：物理探査ハンドブック増補改訂版、物理探査学会、二〇一六

物理探査技術について歴史・原理・測定・解析など、手法ごとに詳細に解説しています。専門家になろうとする人には欠かせない本です。

物理探査学会編：新版物理探査適用の手引き、物理探査学会、二〇〇八
物理探査のうち土木分野で使われる探査手法について実際の使われ方、測定の仕方、解析の仕方などが丁寧に解説されています。ヨーロッパの物理探査学会から英語版が出版されています。

物理探査学会編：最新の物理探査適用事例集物理探査学会、二〇〇八
本書に書かれていることの元になった専門書です。かなり難しいところもありますが、用語辞典などの助けを借りれば専門家でなくても読める本です。

物理探査学会編：新版物理探査用語辞典、愛智出版、二〇〇五
物理探査に関わる専門用語の辞典です。専門書を読むには欠かせない本です。

水永秀樹：はじめの一歩—物理探査学入門、九州大学出版会、二〇一九
最も新しい物理探査の入門者向けの教科書です。

佐々宏一・芦田讓・菅野強：建設・防災技術者のための物理探査　第二版、森北出版、二〇一九

タイトルの通り建設分野や防災分野の技術者向けに書かれた教科書です。この分野で基本となる弾性波探査（主に屈折法）と電気探査について、解析方法も含め詳しく書かれています。

後藤忠徳：地底の科学、ベレ出版、二〇一三

本書とは違う観点から書かれた物理探査の入門書です。地下を深さごとに分けて解説しています。

狐崎長琅：応用地球物理学の基礎、古今書院、二〇〇一

地球物理学というタイトルですが内容は物理探査です。重力探査・磁気探査・電気探査・地震探査・ボーリング孔を利用した物理探査について解説されています。

石井吉徳：地殻の物理工学、東京大学出版会、一九九八

物理工学というタイトルですが内容は物理探査が中心です。トモグラフィーやリモートセンシング、シミュレーションといった、比較的新しい物理探査についても解説されています。

物理探査学会編：河川堤防における統合物理探査適用マニュアル物理探査学会、愛智出版、二〇

一三　本書でも紹介した物理探査によって堤防の安全性を評価するための方法を詳細に解説した本です。今後の堤防調査のマニュアルになるでしょう。

用語集（五十音順）

Ｓ波：進行方向に直交に振動する弾性波のことです。Ｐ波、Ｓ波の他に表面波という波動もあります。

火山岩：火成岩のうち、地下の浅い所でできた岩石のことです。流紋岩や安山岩、玄武岩などです。深い所でできたものは深成岩といい、斑糲岩（ハンレイ岩）や花崗岩（カコウ岩）などがあります。

火成岩：マグマが冷えて固まった岩石のことです。

貫入岩：マグマが既存の地殻岩石中に貫入して、固化することでできた岩石のことです。

磁化率：磁場の中におかれた物体の磁気の帯びやすさを示す物性値です。帯磁率、磁気感受率などともいいます。

地震波：弾性波のうち、地下を伝播する波動を地震波といいます。物理探査で使われる人工的に起こした弾性波も地震波ということが多いです。両者の使い分けはあまり明瞭ではなく、地下一〇〇メートルから数百メートルくらいまでを対象とした場合は弾性波、それ以上深い所を対象とした場合には地震波と呼ぶようです。

磁場：磁界ともいいます。磁気をもったものに力を及ぼす空間のことです。たとえば、地球には北極にS極、南極にN極をもつ磁場があり、この磁場によって方位磁針は力を受けてN極が北を向きます。

周波数：波動や振動、回転運動など、繰り返して起こる運動や現象が単位時間あたりに繰り返される回数のこと。物理探査の分野では、単位時間には秒が用いられることが多く、この場合の単位はHz（ヘルツ＝一／秒）となります。周波数の逆数を周期といいます。

試料：ボーリング調査で採取した土や岩石のサンプルのことです。通常は円筒形をしていて、コアという呼び方もあります。

振動数：周波数に同じ意味ですが、力学などの分野で用いられます。周波数は、電磁気学などの分野において、電磁波を波として取り扱う場合に用いられます。

堆積岩：礫、砂、泥、火山灰、生物遺骸などの粒子（堆積物）が海底、湖底などの水底または地表に堆積して、長い年月をかけて固まってできた岩石のことです。

弾性波：力を受けて変形したものが元に戻る性質を弾性といい、そのような性質を持つ物体を弾性体といいます。弾性波は、弾性体の中を伝わる波動のことです。

電場：電界ともいいます。電気を持ったもの（正確には電荷を持ったもの）に力を及ぼす空間のことです。

破砕帯：断層運動により、地層あるいは岩石が粉々に砕かれた部分がある幅をもって、一方向に延びた帯状の領域のことです。

波長：波動の一周期の長さのこと。波長λと周波数（振動数）fとは、波動の伝わる速さvを用いると、v＝f×λの関係があります。

反射率と透過率：電磁波や弾性波が、ある物体に当たった場合のはね返る割合と透過する割合のことです。物質の境界では、一部は反射し一部は透過します（さらに一部は吸収されます）。そのときの割合を示す量です。反射係数、透過係数も同義です。

比抵抗：電流の流れにくさを示します。電圧（電位差）を電流で割ったものを電気抵抗といい、一ボルトの電圧をかけたときに一アンペアの電流が流れるとき一オーム（Ω）といいます。しかし、電気抵抗は物体の形状によって変わるので、それによらない物性値として比抵抗が定義されています。断面積一平方メートル、長さ一メートルの直方体の電気抵抗として定義されます。単位はΩｍ（オームメートル）です。電気抵抗率という言葉と同義です。比抵抗の逆数を導電率または電気伝導度といい、単位はＳ／ｍ（ジーメンス毎メートル）です。

P波：進行方向に平行に振動する弾性波のことです。

物性：物質の物理的性質のことです。密度・誘電率・透磁率・磁化率（帯磁率）・導電率およびその逆数の比抵抗・熱伝導率・比熱・線膨張率・沸点・融点・弾性係数（縦弾性係数・横弾性係数）・ポアソン比などがあります。

変成岩：既存の岩石が温度、圧力等の条件下に長期間置かれることにより、鉱物組成や場合によってはその化学組成が変化し、別の岩石に変わります。その結果できた岩石のことです。

放射性核種：陽子と中性子の数により決定される原子核のうち放射線を放出する原子核のことです。原子核としては不安定で、安定になろうとして放射線を出します。自然界には、カリウムやウラン、トリウムといったものが比較的多く、人工的な放射性核種は原子力発電の使用済み燃料などに含まれます。

ボーリング調査：ボーリングは円筒状の孔を穿（うが）つことをいいます。ボーリング調査は地下に孔を開けて、地下の様子を探る調査方法のことです。開けた孔のことをボーリング孔といいます。岩石を採取して孔内の物質を確かめられるという利点もありますが、ボーリング孔とそのごくわずかの周囲しかわかりません。孔間をつなぐ物理探査と合わせて、地下を詳細に知ることができます。ボーリング調査には数メートルまでの人力で行うものから、地下数キロメートルまで掘る大規模な調査まであります。陸上で最も深くまで掘られたボーリング孔は、ロシアのムルマンスク州にあるコラ半島で行った学術調査目的のボーリングであり、深さ一万二二六二メートルもあります。

誘電率：電気を通しにくい絶縁体に電気を流した場合、分子内の電荷が正極（＋）と負極（－）に分かれる分極という現象が起こり、電気を溜めることができます。この分極の起こりやすさを示した値が誘電率です。

誘導電流：磁場が変化すると、これに伴い磁場内にある導体には電流が発生します。この現象を電磁誘導といい、励起された電流を誘導電流と呼びます。

露頭：野外で地層や岩石などが露出している場所のことです。自然にできた崖にある場合もありますが、工事などで山を削った場合などにもできます。

引用文献

Aizawa, K., Yoshimura, R., Oshiman, N.（2004）：Splitting of the Philippine Sea Plate and a magma chamber beneath Mt. Fuji, Geophys. Res. Lett., 31, L09603. doi: 10.1029/2004GL019477

荒井英一（二〇一三）：高温ＳＱＵＩＤを用いた金属資源探査装置（ＳＱＵＩＴＥＭ）の開発、応用物理、82、7、五八三—五八七頁

Arts, R., Eiken, O., Chadwick, A., Zweigel, P., Van der Meer, L. and Zinszner, B.（2002）：Monitoring of CO_2 injected at Sleipner using time lapse seismic data. In Gale, J. and Kaya, V. eds.: Proc. of the 6th Int. Conference on Greenhouse Gas Control Technologies, p.347-352.

地震調査研究推進本部ホームページ：https://www.jishin.go.jp/resource/column/column_18sum_p04/

土木学会（一九八六）ダムの地質調査、土木学会、五一頁

Han D., A. Nur and D. Morqan（1986）：Effects of porosity and clay content on wave velocities in sandstones, Geophysics, 51, 11, p.2093-2107.

北郷泰道（二〇〇八）：西都原古墳群における整備・活用のための物理探査、最新の物理探査適用事例集、物理探査学会編、三七五―三八〇頁

本間勝（二〇一三）：浦安市における液状化被害・復旧状況と不動産取引における地質情報の活用策、ＧＳＪ地質ニュース、2、12、三五七―三六〇頁

木下篤彦・柴田俊・山越隆雄・中谷洋明・加藤智久・河戸克志・奥村稔・三田村宗樹・松井保（二〇二二）：二〇一一年に深層崩壊が発生した奈良県十津川村栗平地区における 比抵抗探査を用いた断層沿いの地下水流入過程の検討、地すべり学会誌、58、1、四〇―四七頁

Kodaira, S., Nakamura, Y., Yamamoto, Y., Obana, K., Fujie, G., No, T., Kaiho, Y., Sato, T., and Miura, S.,（2017）：Depth-varying structural characters in the rupture zone of the 2011 Tohoku-oki earthquake, Geosphere, 13, 5, p.1408-1424.

国土交通省淀川河川事務所ホームページ（大正・昭和初期の治水の取り組み）：https://www.kkr.mlit.go.jp/yodogawa/know/history/now_and_then/taishou.html

小前隆美・竹内睦夫（一九八七）：地下水入門新知識（その四）、農業土木学会誌、55、6、五五九—五六五頁

駒澤正夫・太田陽一・渋谷昭栄・熊井基・村上稔（一九九六）：大阪湾の海底重力調査とその構造：物理探査、49、6、四五九—四七三頁

Milsom, J. and Eriksen, A. (2011) : Field Geophysics, 4th ed. Jhon Wiley & Sons. Kindle 版

茂木透・佐々宏一（一九八三）：砂のせん断特性及び透水性と比抵抗、水曜会誌、20、1、一〇〇—一〇八頁

中東秀樹・井上久隆・柳内康成（二〇〇八）：油・ガス探鉱におけるElastic Inversionを用いた貯留岩性状の予測、最新の物理探査適用事例集、物理探査学会編、二一一—二一八頁

中澤博志・菅野高弘・村上弘行（二〇一〇）：物理探査による滑走路地盤の液状化被害予測のための調査事例、土木学会論文集A1（構造・地震工学）、66、1、二八八—三〇一頁

鬼武裕二（二〇〇九）：電気探査及び表面波探査による地下水流動状況の調査事例、全国地質調査業協会連合会「技術e-フォーラム二〇〇九」、79頁

大里和己（二〇〇八）：地熱資源のための物理探査、最新の物理探査適用事例集、物理探査学会編、六九—七五頁

佐藤源之（二〇〇八）：人道的地雷除去のための地雷検知ならびに不発弾検知技術、最新の物理探査適用事例集、物理探査学会編、三二五―三三〇頁

鈴木敬一・瀬能真一・飯塚隆志・中山健二・柘植孝（二〇一四）：河川堤防統合物理探査データによる土質分類の試み、物理探査学会第一三一回学術講演会論文集、六七―七〇頁

高倉伸一（二〇一四）：電磁探査から推定される広域的な地熱系の構造、物理探査、67、3、一九五―二〇三頁

武智国加（一九九四）：雲仙普賢岳の噴火活動、写真測量とリモートセンシング、33、5、二―三頁

田村進一（二〇一七）：地層処分に関する最近の知見、ＧＰＩ（Global oil & gas Pipe Institute）Journal 3, 1, 一一―四頁

Uchida, T., Takakura, S., Ueda, T., Sato, T., and Abe, Y. (2015)：Three-Dimensional Resistivity Structure of the Yanaizu-Nishiyama Geothermal Reservoir, Northern Japan, Proceedings World Geothermal Congress 2015, p.19-25.

渡辺寧（二〇〇四）：火山が創る鉱物資源、AIST Today、4、12、一四―一五頁

吉岡敏和・杉山雄一・細矢卓志・逸見健一郎・渡辺俊一・田中英幸（一九九八）：柳ケ瀬断層の最新活動─滋賀県余呉町椿坂峠におけるトレンチ発掘調査─、地震、51、二八一─二八九頁

全国地質調査業協会連合会（二〇〇七）：地質調査技師登録更新講習会テキスト（平成一九年度版）、一一四頁

趙大鵬・丸山茂徳・磯﨑行雄（二〇一八）：月の地震波トモグラフィーと初期地球、地学雑誌、127、5、六一九─六二九頁

物理探査学会（一九八九a）：図解物理探査、四二頁

物理探査学会（一九八九b）：図解物理探査、二一五頁

物理探査学会（一九八九c）：図解物理探査、四八頁

物理探査学会（一九八九d）：図解物理探査、二一六頁

物理探査学会（一九八九e）：図解物理探査、五四頁

物理探査学会（一九八九f）：図解物理探査、五七頁

物理探査学会（一九八九g）：図解物理探査、五八頁
物理探査学会（一九八九h）：図解物理探査、六七頁
物理探査学会（一九八九i）：図解物理探査、六九頁
物理探査学会（一九八九j）：図解物理探査、七五頁
物理探査学会（一九八九k）：図解物理探査、八三頁
物理探査学会（一九九八a）：物理探査ハンドブック、物理探査学会、一三二五頁
物理探査学会（二〇〇八a）：物理探査適用の手引き、物理探査学会、二七一頁
物理探査学会（二〇〇八b）：物理探査適用の手引き、物理探査学会、五一頁
物理探査学会（二〇〇八c）：物理探査適用の手引き、物理探査学会、五三頁
物理探査学会（二〇〇八d）：物理探査適用の手引き、物理探査学会、二〇頁

物理探査学会（二〇〇八e）：物理探査適用の手引き、物理探査学会、九三頁
物理探査学会（二〇〇八f）：物理探査適用の手引き、物理探査学会、一一二頁
物理探査学会（二〇〇八g）：物理探査適用の手引き、物理探査学会、一五九頁
物理探査学会（二〇〇八h）：物理探査適用の手引き、物理探査学会、一八九頁
物理探査学会（二〇〇八i）：物理探査適用の手引き、物理探査学会、一八九頁
物理探査学会（二〇〇八j）：物理探査適用の手引き、物理探査学会、二六五頁
物理探査学会（二〇〇八k）：物理探査適用の手引き、物理探査学会、二三五頁
物理探査学会（二〇〇八l）：物理探査適用の手引き、物理探査学会、二四九頁
物理探査学会（二〇〇八m）：物理探査適用の手引き、物理探査学会、二八二頁
物理探査学会（二〇〇八n）：物理探査適用の手引き、物理探査学会、二八二頁

物理探査学会（二〇一六a）：物理探査ハンドブック増補改訂版、物理探査学会、三一五頁
物理探査学会（二〇一六b）：物理探査ハンドブック増補改訂版、物理探査学会、一〇四五頁
物理探査学会（二〇一六c）：物理探査ハンドブック増補改訂版、物理探査学会、二七〇頁
物理探査学会（二〇一六d）：物理探査ハンドブック増補改訂版、物理探査学会、五三五頁

執筆者

茂木　透（物理探査学会元会長）
鈴木敬一（物理探査学会副会長）
志賀信彦（物理探査学会事業委員長）
大橋武一郎（物理探査学会事務局長）

執筆協力者

荘司泰敬、荒井英一、河村知徳、川中　卓、鳥居健太郎、大澤　理、森下　健、
越智公昭、シュルンベルジェ株式会社

著者略歴

公益社団法人物理探査学会（こうえきしゃだんほうじんぶつりたんさがっかい）

物理学的・化学的地下探査に関する学問および技術の進歩・発展・普及と会員相互の親睦・連絡を図ることを目的として、1948年５月に創立された。当初は物理探鉱技術協会と称したが、1980年に物理探査学会に改称し、2013年には公益社団法人としての認定を受けている。研究発表会や論文の刊行、会員相互および内外の関連学会との連携協力等の活動だけでなく、最近は防災、社会インフラ維持整備等の公益に資する活動についても力を入れている。

幻冬舎ルネッサンス新書　246

見えない地下を診る―驚異の物理探査

2022年１月26日　第１刷発行

著　者　　公益社団法人物理探査学会
発行人　　久保田貴幸

発行元　　株式会社 幻冬舎メディアコンサルティング
〒151-0051　東京都渋谷区千駄ヶ谷4-9-7
電話　03-5411-6440（編集）

発売元　　株式会社 幻冬舎
〒151-0051　東京都渋谷区千駄ヶ谷4-9-7
電話　03-5411-6222（営業）

ブックデザイン　田島照久
印刷・製本　中央精版印刷株式会社

検印廃止

Printed in Japan
ISBN 978-4-344-93594-5　C0244
幻冬舎メディアコンサルティングHP
http://www.gentosha-mc.com/